大学基礎

データサイエンス

JN097735

伊藤大河・川村和也・内田瑛・河合麗奈

実教出版

はじめに

「できるだけわかりやすく，可能な限り簡単に，データサイエンスの基礎を学生に学んでもらうには，一体どうしたら良いのだろうか？」

そのような思いから本書は作られています。

政府の「AI戦略2019」（2019年6月策定）では，文系・理系を問わず，大学生・高等専門学校生が「数理・データサイエンス・AI」のリテラシーレベルを習得することを目標としています。そのためには，数理・データサイエンス・AIへの関心を高めることが大切であり，データを適切に活用する基礎的な能力を身に付けることが求められます。このような背景から，様々な大学で「データサイエンス学部」といった，データサイエンスを専門的に学ぶ学部などが次々に開設されています。

世の中はデータであふれています。しかし，どれだけたくさんのデータを集めたとしても，集めただけではあまり役に立ちません。データを役立たせるためには，問題や課題を明確化し，調査や分析を行うための計画を立てる必要があります。収集したデータを単なる「データ」から意味のある「情報」とするために統計的な処理をします。導き出された情報を活用することで様々な問題が解決できたり，これまでに無かった新たな価値を生み出したりできるようになります。さらに，新たな気づきや課題が見つかることもあります。

「数理・データサイエンス・AI」で学んだことはこのように活かされるのです。

データサイエンスという言葉から「数学を使う難しいもの」，「情報系の人だけが学ぶもの」とイメージしてしまい，数学があまり得意ではなかった人は，自分に理解できるのだろうかと不安を抱くかもしれません。そのような人にも取り組みやすいように，本書では次の点を意識しました。

○ 数理・データサイエンス・AI（リテラシーレベル)モデルカリキュラムへの準拠
○ 数学があまり得意ではない学生にもわかりやすい，数式を使わない入門書

データサイエンスを深く掘り下げるのではなく，基礎・基本を広く扱うことで，これから学ぶことに不安を覚えてしまう人でも，データサイエンスの知識と考え方のエッセンスを習得できることを目指しました。

本書では，データサイエンスを活用する立場の著者が集まり執筆したことも特徴です。文系出身の著者も参画していますので，多様な視点でより丁寧に，できるだけわかりやすい説明になるように心掛けています。

　データサイエンスを学ぶのは難しそうだな，自分にデータサイエンスが理解できるだろうかと不安に思っている人にこそ，本書で学んで欲しいと思っています。本書によって「数理・データサイエンス・AI」のリテラシーレベルを学習し，これらの内容が教養として身に付くことの一助になれば幸いです。

2023 年 6 月吉日

筆者一同

　「数理・データサイエンス・AI（リテラシーレベル）モデルカリキュラム」における「導入」（社会におけるデータ・AI 利活用），「基礎」（データリテラシー），「心得」（データ・AI 利活用における留意事項）に関する内容は本書でカバーできるようにしました。「選択」（オプション）については一部のみを掲載しています。

　また，本書ではモデルカリキュラムに提示された順番通りではなく，よりわかりやすく学べるように構成しています。

　本書における数理・データサイエンス・AI（リテラシーレベル）モデルカリキュラムと各章との関係は次のようになっています。これらを学ぶことで，データサイエンスの基礎・基本を習得できるように編集しました。

- 「導入」（社会におけるデータ・AI 利活用）
  第 1 章，第 2 章，第 3 章，第 4 章，第 5 章，
  第 11 章，第 12 章，第 13 章，第 15 章
- 「基礎」（データリテラシー）
  第 7 章，第 8 章，第 9 章
- 「心得」（データ・AI 利活用における留意事項）
  第 6 章，第 14 章
- 「選択」（オプション）
  第 10 章

もくじ

ようこそデータサイエンスへ

　データサイエンスという言葉を，見たり，聞いたりしたことが一度
はあるのではないだろうか。大学でも，データサイエンス学部やデー
タサイエンス学科などが続々と誕生している。現代社会では，多種多
様なデータを大量に入手することができるようになった。しかし，そ
れらのデータから必要な情報をどのように抜き出し，どのように利用
するのかが課題となっている。そのため，多種多様な大量のデータを
分析して，社会に役立つ新たな価値を見つけ出すための人材育成が求
められている。この章では，データサイエンスの概要と，どのように
学ぶのかを見ていく。

1節 はじめに

これからデータサイエンスを学ぼうとしている(学ばなければならない)みなさんの中には，データサイエンスは，「数学を使う難しいもの」，「情報系の人だけが学ぶもの」というイメージを持っているかもしれない。数学があまり得意ではなかったので理解できるか不安な人もいるのではないだろうか。しかし，これだけははっきりと言うことができる。

データサイエンスを学ぶことで，職業や人生の選択肢が広がる！

普段意識していないところにもたくさん利用されている「縁の下の力持ち」であるデータサイエンスの一部を紹介する。

1項 役に立つデータサイエンス

例えば，経営学や経済学を大学で学んだ人が，ファミリーレストランの運営会社に就職し，経営戦略部門で働いているとしよう。会社の売り上げも順調に伸び，新しい店舗を出店する企画を立てている。次の出店場所を考えるときには，競合店の状況，近隣道路の交通量，最寄駅の乗降客数，時間帯別の客層，年齢層の分布など，様々なデータ解析をして，最適な場所を選択する。これがまさにデータサイエンスの活用事例である。ほかにも，**テキストマイニング**[*1] という文章を分析する手法がある。これを用いてアンケートに記載された自由記述を分析したとしよう。アンケートに書かれた単語の分析から，料理の提供が遅いといった顧客にとっての不便なサービスがわかり，対策できるかもしれない。さらに，気付かなかった顧客の

出店計画　　　　　　　　アンケート分析

[*1] **テキストマイニング**　統計学や AI などを活用したデータ解析を利用して，文章を単語や文節で区切り，そこから有益な情報を取り出す手法のこと。

ニーズを推測し，経営学や経済学の知見と融合することで，新たな価値やサービスを作り出すこともできるかもしれない。

　スポーツの分野でもデータサイエンスは役立っている。例えばサッカーやバレーボールなどでは，対戦チームの攻撃パターンや各選手の特性などを分析して，試合中に攻撃や守備の作戦を立てなおすといった活用がされている。

　身近な例では，Twitter や Instagram によく登場する言葉を分析することで，その時点での流行の紹介や，これから流行するであろうことを予測することもできる。

　このように，大学で学んだ経営学や経済学，スポーツ科学などの専門分野とデータサイエンスとを融合することで，社会の中にある様々な課題を発見して解決に導いたり，新たな価値やサービスを作り出すことも可能になる。データサイエンスは，大学でどのような専門分野を学んでいても，社会に出てから必要となる実学であり，みなさんの職業の選択や人生の選択肢を広げることに役立つのである。

2 項　読み，書き，そろばん，データサイエンス

　みなさんは「読み，書き，そろばん」という言葉を聞いたことがあるだろうか。江戸時代の庶民を対象とした教育機関である寺子屋では，文字や文章を読めること，内容を理解して文章を書けること，そして計算できることを基本的な能力として教育されてきた。今でも変わらず「読み，書き，そろばん」は，初等教育で獲得させる基礎的な能力・学力である。

　莫大なデータを解析して社会に役立てる**データ駆動型社会**[*2] においては，「読み，書き，そろばん」のような基本的な能力が「数理・データサイエンス・**AI**（Artificial Intelligence：**人工知能**）」と言われている。日本では，小中学校で基礎的学力と情

*2　**データ駆動型社会**　多様なデータを大量に収集して分析し，その結果から得られたことを現実社会に活かすというリアルとサイバーの垣根を超えたデータ循環を行うことで，新たな価値が創り出され，社会の変革がなされることで，良い方向に向かわせようとする社会のこと。

報活用について学び，高校以降で **STEAM 教育**[*3] や**アクティブ・ラーニング**[*4]，プログラミング教育などを通して，数理・データ関連分野の興味・関心を向上させる取り組みを行っている。

　高校までの間に，数値を表にまとめたり，棒グラフや折れ線グラフを作成したり，表やグラフからどのようなことが読み取れるのかを学習したと思う。小学校や中学校でプログラミングをした経験があるかもしれない。これまでに学んだことが，データサイエンスの入口ともいえる。

　本書では，便宜上「数理・データサイエンス・AI」をひとまとめにして「データサイエンス」として扱う。本書で学習することで「数理・データサイエンス・AI」のリテラシー(基礎)を学ぶことができるようになっている。

2節　データサイエンスで学ぶこと

　学問としてのデータサイエンスとは，「データをもとに，様々な問題を解決したり，新しい価値を創出したりする学問」である。

　最近ではコンピュータの発展にともない，大きなデータ(**ビッグデータ**)を扱えるようになってきた。ビッグデータを活用すると，データをもとに社会的な課題が解決できたり，私たちの生活の質を改善したりできる。さらに，データから新たな価値を作り出し，**イノベーション**[*5] を生むこともできる。

　みなさんが生きていくデータ駆動型社会では，**IoT**[*6] やロボット，AI，ビッグデータなどの技術によって，大量に収集された様々なデータが活用され，社会における様々な課題が克服できると期待されている。

　データ駆動型社会を生きる上では，文系・理系を問わず，データを分析したり，

---

*3　**STEAM 教育**　Science（科学），Technology（技術），Engineering（工学），Arts / Liberal Arts（芸術・教養），Mathematics（数学）を横断的に学習する教育のこと。(詳細は 3 章)

*4　**アクティブ・ラーニング**　教員からの一方的な授業ではなく，学修者（児童・生徒・学生）が自ら能動的に学習するような学習法のこと。

*5　**イノベーション**　技術革新のこと。モノだけでなく，サービスやビジネスモデル，組織など，様々なことに新しい考え方や技術などを取り入れて，新たな価値を生み出すこと。

*6　**IoT**　Internet of Things の略で「モノのインターネット」と訳される。様々なモノがネットワークに接続され，情報交換する仕組みのこと。スマートスピーカーや情報家電，スマートハウスなどは，IoT の技術によって成り立っている。(→ 3 章)

活用したりするための方法を知っていることが重要である。まずはデータサイエンスを使うと，社会の中にある課題を発見・解決できること，新たな価値を創出できること，様々な学問の分野やビジネスなどを発展させられることを知っておこう。そして，データに根差したものの見方，人間の知的活動に根差したものの見方ができるようになることも大切である。これらを身に付けることで，データの分析や活用を実践できるようになり，データに踊らされない人になることができる。

データサイエンスを学ぶことで，身に付けてほしい目標は 3 つある。

①データを分析したり，活用したりするための方法を身に付けること
②データサイエンスを，次のようなことに役立てられること
 • 社会の中にある課題を発見でき，解決できること
 • 新たな価値を創出できること
 • 様々な学問の分野やビジネスなどを発展させられること
③①，②を実践するために必要な行動を取れること

　本書では，①に示した「データを分析したり，活用したりするための方法を身に付けること」を目標としている。本書でデータサイエンスの基礎的な知識(リテラシー)を身に付け，さらに発展的なことを学ぶきっかけになることを願っている。

③ 節　データサイエンスを学ぶ心構え

　データサイエンスは，数学や統計学，情報学など，様々な分野が関係しており，学ぶ範囲がとても広い。データサイエンスを使う現場では数式に加えて，プログラミングなども必要となるため，数学やプログラミングに苦手意識を持つ人は，大きな不安を抱えているだろう。
　確かにデータサイエンスでは，データを分析するために複雑な計算を必要とする。しかし，必要としているのは計算することではなく「計算結果」である。つまり，自分で複雑な計算をする必要はないということを理解してほしい。もちろん数学の知識はあった方が良いが，計算自体はコンピュータで処理できる。それよりも大切なのは，手元にあるデータを分析するには，どの分析方法を使うと良いのかを判断できることである。

つまり，データサイエンスを学ぶ上で重要なことは，データをどのようにまとめ，分析し，導かれた分析結果をどのように活用するのかというプロセスである。

　データサイエンスを学ぶにあたり，必要な考え方のひとつに統計学がある。統計学を用いると，集めたデータの特徴や性質を見つけたり，集めた一部のデータから，全体のデータや未来のデータを推測することができる。

　例えば，「去年の夏休みにアイスがたくさん売れたから，今年の夏休みもアイスがたくさん売れるだろう」，「毎年ゴールデンウイークに高速道路が渋滞しているから，今年のゴールデンウイークも渋滞するだろう」などという予想も統計学的な考え方が活用されている。このような事例も，データを収集し，適切な分析手法を使って分析することで，より正確な予測をしている。

　このように，統計学の以下のような見方や考え方，方法を身に付けようという心構えで学ぶことで，データサイエンスが面白く感じられるのではないだろうか。

- どのようなデータを
- どのように分析することで
- どのようなことが導き出せるのか

　本書では，数式をあまり使わずに，データを分析したり，活用したりするための方法などが学べるように工夫した。データサイエンスの基礎的な知識（リテラシー）を一緒に学んでいこう！

第 2 章

AI にサポートされる社会

　わたしたちの生活には，AI によるサービスが分野を問わずに様々な用途で活用されている。しかし，サービスを利用するとき，どこに AI が使用されているのか意識していてもなかなか分からないのではないだろうか。

　この章では，AI の活躍を見ていくとともに，AI にはまだ課題があり，万能ではないと言われているのはどういうことなのかを見ていこう。

1節 AIによる共助の促進

　モノを「所有」する生活が当たり前だったが，人々のライフスタイルの変化によって，モノは共有し，使いたいときに「利用」するようになった。この変化に合わせるように，**シェアリングエコノミー**が発展し，**SDGs** [1] を実現した循環型社会等に貢献できるものとしても期待されている。シェアリングエコノミーとは，インターネットを介して個人が持っている資産(空間・モノ・自動車・仕事・お金等)を他人に提供(売買・貸し借り)する経済活動のことである。実は多くの人が知らないうちにシェアリングエコノミーのサービスを当たり前のように利用している。料理のレシピを共有するクックパッド(1999年)を見たり，タクシー配車サービスのUber (2010年)で情報を共有して評価の良い運転手のタクシーを選んだり，空き部屋を共有するAirbnb(2008年)で宿泊先を探したりした経験があるかもしれない。これらは全てシェアリングエコノミーと呼ばれるサービスである。

　これまでは企業がモノやサービスを消費者に**供給** [2] する一方向のビジネスが主流であった。しかし，インターネットが当たり前に使えるようになったことにより，供給する側とされる側(**需要** [3])のマッチングが容易になり，オークションサイトやフリマアプリなど，個人間売買がより簡単に行われるようになった。ここに着目したいくつかの企業は，CtoC [4] ビジネスを行う場として，個人間での取引などができるアプリやサイトを提供するようになった。

　シェアリングエコノミーは，ビジネスに変化をもたらしただけでなく，地域課題

＊1　**SDGs**　エス・ディー・ジーズと読む。Sustainable Development Goals の略称で，2015年9月に国連総会で採択された，持続可能な開発に向けた17の国際目標のこと。
＊2　**供給**　モノやサービスを売ったり提供しようとすること。
＊3　**需要**　モノやサービスを買ったり利用しようとすること。
＊4　**CtoC**　Consumer to Consumer の略で個人間での取引

の解決にも貢献できると期待されている。例えば，奈良県生駒市は「子育てシェア」に取り組む AsMama と連携し，子育て世帯同士の交流などを通して地域の子育て環境の向上を目指している[1]。シェアリングエコノミーを通して様々な課題などを地域の近隣住民同士で支え合う，共助の地方創生を目指したこのようなプロジェクトが全国各地で行われている。

しかし，シェアリングエコノミーは数年のうちに急拡大してきたため，法律整備が間に合わないといった課題が残っている。例えば個人間の取引が多いため，トラブルが発生したときの補償や責任が明確ではないことや，提供者によって品質がまちまちであるなどといった様々な課題があることに気を付けなければならない。

🔍 調べてみよう

公助，共助，自助とはどのようなことか調べてみよう。

②節 AI に代替される経験知

恋人やパートナーを見つけるマッチングサービスや，結婚を前提とした交際相手を見つける婚活サービスにも AI が活用される時代になっている。

これまでも，知人や友人による紹介や，世話好きの人の取り計らいなどで，人と人とを結び付けることがあった。同様に AI を活用したサービスも，人と人とを結び付ける。このようなサービスでは，過去から現在までにサービスを利用した人々の名前や年齢，学歴など表面的な情報だけでなく，性格や価値観，過去のマッチング歴などの行動データなど，プロフィールには記入するのが難しい情報も含めて，様々な情報を独自のデータベースに蓄積している。その中から過去にマッチングした人たちの情報を AI が細かく分析し，どのような特徴を持った人たちがマッチン

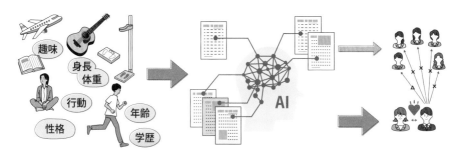

グしやすいのか，パートナーに発展する確率が高いのかを導き出して確率の高い順にデータを並び替えてランキング化し，提案するという方法をとっている。

　これまで，人の経験や勘など，いわゆるノウハウに頼っていた部分を，AI では膨大な情報を数値化して分析し，論理的にマッチングしている。

　パートナーや結婚相手は，恋愛感情やフィーリングなど心理的な部分もあるため，人間か AI のどちらのマッチングが優れているかの評価は難しいところである。AI が論理的にマッチングしているとはいえ，最終的には個人の判断になる。自分でしっかりと考えて結論を出すことが大切であることを忘れてはならない。

3 節　AI が描く画像

　思い通りにイラストや絵画を描きたいと思ったことはないだろうか。その思いに応えるように，AI を活用してイラストや絵画などを自動的に生成するサービスが登場している。SNS 等で AI が作成した画像を見たことがあるのではないだろうか。

　2022 年中頃から，DALL・E2（ダリ・ツー）や Midjourney，Stable Diffusion など，様々な画像生成 AI が登場して話題となった。

　例えば，「A typical Japanese university where data science is taught with a high-rise tower in the center of the campus」（キャンパスの中心に高層タワーがあるデータサイエンスが学べる日本の一般的な大学）というキーワードを入力すると，図 2-1 のような画像が出力される。

図 2-1　画像生成サービス（Stable Diffusion Online）で実際に生成した画像例

これらの画像生成 AI は，敵対的生成ネットワーク(→ 11 章)と呼ばれる AI の技術を活用している。これにより，キーワードを入力することで，例え実在しないものであっても AI はそれに応じた画像を描くことができるのである。

　画像生成 AI は，言葉(文章表現)から画像を描くため，AI が言葉を理解しているようにも感じられるが，その意味が「理解」できているわけではない。AI は事前に大量の画像データから特徴を抽出して学習する。この学習データをもとにして，入力された単語や並び方を分類して実在しない画像を描いている。このような仕組みのため，画像生成 AI が人間の意図を汲み取ってくれるわけではなく，すぐに思い通りの画像を出力してくれることは難しい。図 2-1 を見ると，「データサイエンスが学べる」という部分が画像に反映されていないように見える。自分が思い描いているイメージに近い画像が出力されてくる可能性を高くするためには，人間側が画像生成 AI に意図が伝わるように言葉(文章表現)を変える必要がある。このように AI の力を最大限に発揮するために人間側が工夫する手法を「**プロンプトエンジニアリング**」と呼んでいる。

　AI を活用して高解像度で本物のような画像を AI が描けるようになると，絵が描けなくても絵本を制作できるようになったり，アニメーションの背景やプレゼンテーションで必要なイラストを作れるようになるなど，様々な活用方法があるだろう。その他にも，アニメのキャラクターを自動生成できる AI や，実在しないアイドルの顔を自動生成できる AI，実在しない人物の全身画像を生成できる AI など，画像分野だけでも様々な AI が登場している。

　ただし，繰り返しになるが，AI は言葉の意味を理解しているわけではない。入力したキーワードを本来の意味とは異なる意味に解釈してしまい，差別を誘発してしまうような画像を描いてしまう場合がある。例えば，「飯テロ」という言葉がある。これは美味しそうな料理の写真や動画などで食欲が促されるという意味で使われているが，画像生成 AI に描かせると「ご飯とテロリスト」の画像が表示されるという事例があった。このように AI は人間の想定と異なる出力をしてしまう場合があるため，注意が必要である。

　また，フェイク画像が簡単に作れてしまうという怖さもある。特に AI 技術を利用して作られるフェイク画像や動画(**ディープフェイク**と呼ばれる)は社会問題となっている。例えば，2022 年 9 月に，台風 15 号による水害被害が発生したとき，「ドローンで撮影された静岡県の水害」と称して Twitter に投稿された画像が，実は画像生成 AI で作成したフェイク画像であったと投稿者が公表し，大きな議論となった。

このようなことからディープフェイクへの対策は実施されはじめており，ディープフェイクを見破る AI も誕生している。しかし，見破られない手法が新たに登場したりなど，いたちごっこになっている。私たちは日々の生活の中で，大量の画像や動画を視聴しているが，その画像や動画を安易に信用せず，「フェイクかもしれない」というフィルターを掛けることが大切である。

 コラム ディープフェイクのポジティブな活用

　ディープフェイクには，良い活用方法もある。例えば，映画の吹き替えは，これまで音声のみを差し替えていた。ディープフェイクを活用すれば，俳優の口元や顔の筋肉などが吹き替えた音声に合わせて動き，俳優が本当にその国の言語で話しているように見える映像になる。また，ディープフェイクを用いて，エジソンのような過去の人物の再現映像を作ることで，直接エジソンが白熱電球について教えてくれているように思わせることも可能となる。

4 節 AI と人間の共同作品

　画像以外でも，AI が創り出す作品も次々に登場している。例えば，作曲も AI ができるようになった。そもそも作曲は，基本的に「メロディ」，「コード」，「リズム」という三大要素を曲のテーマや歌詞をもとにそれぞれを複雑に組み合わせて制作していく。では，AI はどうやって作曲しているのだろうか。AI が作曲を行う場合は，準備段階として，大量の音楽(楽譜)を AI に入力し，既存の音楽にはどのようなメロディ，コード，リズムのパターンがあるのかを解析させながら学習させる。その

ようにして学ばせた AI に作りたい曲のジャンルや曲調，時間などを指示することで，学習したデータの中から該当するものを選び出して，それをもとに作曲を行うという流れである。AI は学習した情報をもとに新たな曲を作るため，どこか聞いたことがあるような組み合わせになってしまうこともある。一方で，人間はその人自身の感情や感性をもとに試行錯誤を繰り返して作曲している。そのため，個性的で独創的な音楽を作曲したり，歌詞の感情に寄り添った音楽を作曲したりできるのは，人間の方が得意であるともいえる。

　例えば，2022 年 7 月にデビューした「ERROR（エラー）」のデビューシングル「語（ことば）」は，歌い手自身が作詞した歌詞と，AI を活用したメロディ作成アプリ「Amadeus Topline」が生成したメロディで制作されている [2]。メロディは AI が作曲し，歌詞と編曲は人間が行うという新たな作曲形態が生み出された。人間の手では長い場合で何か月，何年も時間がかかっていた作曲作業が，比較的短時間でできるようになった。

　このように，全てを AI に任せるのではなく，人間が行う作業の一部を AI に担わせるという AI の活用方法も，これから様々なジャンルで増加すると考えられる。

　作曲の他にも，「五・七・五・七・七」からなる短歌を詠む AI なども登場している。例えば，2019 年に期間限定で公開された「恋する AI 歌人」[3] は，初句の 5 文字を入力すると，残りの 2 句から 5 句までを自動で生成する AI である。この AI には，与謝野晶子，岡本かの子，柳原白蓮，九条武子，原阿佐緒ら 5 人の近代女性歌人の作品，約 5000 首をデータ化して学習させている。加えて，単語を赤や青などの色に紐づけて AI に学習させることで，表現の幅に広がりを持たせたり，近代歌集で使われる言葉を，現代の言葉に置き替えたりするなどの調整も行い，言葉の幅を広げている [4]。

　このように，AI を創作ツールとして活用するために，思い描いているイメージ

に近い画像を出力させたり，一部分を AI に創作させたりするなどの方法が様々な方面で研究されている。

❓考えて み よ う

　無料で利用できる AI 作曲サービスがいくつもある。いくつかの AI 作曲サービスで，作曲させたいイメージなどを入力して実際に AI に作曲させてみよう。どのようにキーワードを入力すれば，自分が想像する曲になるか試行錯誤してみよう。また，AI に作曲させた曲に著作権が発生するのかどうかも考えてみよう。

コラム　生成 AI

　2022 年 11 月，OpenAI（米国）が対話型チャットボットの ChatGPT をリリースし，世界中で大きな話題となった。ChatGPT は，決められたプログラムで動くこれまでのチャットボットと違い，自然言語処理技術によって人間のように自然な文章を生成することができるため，生身の人間とチャットをしているように感じられる。質問に対して論理的に回答することはもちろん，メールの文面作成や脚本の制作，プログラミングなど，様々な機能を持ち合わせている。

　しかし，情報流出を懸念して利用を規制する国や，教育への影響を懸念して利用を制限する大学も出ている。ChatGPT などの生成 AI をどのように活用し，人間と共存していくのかが今後の課題である。

参考文献

[1] 生駒市「株式会社 AsMama の子育てシェア」
　　https://www.city.ikoma.lg.jp/0000006828.html（2023 年 6 月閲覧）
[2] PRTIMES「AI が生み出したメロディーが人気テレビ番組「ジャンク SPORTS」のエンディングテーマに決定」
　　https://prtimes.jp/main/html/rd/p/000000005.000096805.html（2023 年 6 月閲覧）
[3] NTT レゾナント「「goo の AI」技術を活用した短歌生成 AI「恋する AI 歌人」を期間限定で公開！」
　　https://pr.goo.ne.jp/goo/2019/24785/（2023 年 6 月閲覧）
[4] 現代ビジネス「〈マジ地獄…〉「AI 歌人」が詠む短歌、驚きのお手並み拝見」
　　https://gendai.media/articles/-/66266（2023 年 6 月閲覧）

第 **3** 章

情報をめぐる世の中の潮流

　日常生活の中で，情報通信機器に触れずに過ごす時間はどれくらいあるだろうか。これらを上手く使いこなすことができれば，知りたい情報に簡単に触れられたり，伝えたい情報を容易に発信できたりする。しかし，これらは同時に本当に欲しい情報なのか判断せずに利用したり，本当に正しい情報なのか確かめずに発信できたりしてしまうことでもある。

　この章では，情報（ないしはデータ）が，どんな経緯で利用しやすくなってきたかを見ていく。また，そもそも情報とはどんなものか，情報に関連する技術とはどんなものかについても確認していこう。

1110001101100010010110001100010110100011100010101110001010001110110111100010101001000111000101001110110101110000101011001010 1

19

1 節 情報を利活用する技術の変遷 〜使い方はどう変わってきたのかを知る〜

1 項 情報はいつから利用できるようになったのか [1] [2] [3]

　人が「情報を使って快適に生活ができる」ようになったのは，色々な道具や技術の開発という，先人たちの努力があったためである。ここでは少し範囲を広げて，歴史をさかのぼり，先人たちの歩みを振り返ってみる。人が快適な生活を過ごせるようになったきっかけとなる出来事のひとつとして，18世紀後半に起こった**産業革命***1 がある。この産業革命を第1次産業革命とし，現在は第4次に当たると言われている。第1次産業革命では，人の手だけで作業していた重労働に機械が導入された（**機械化**）。第2次産業革命では，電気の利用方法が発明され，それまでの機械と組み合わせた技術が導入された（**効率化**）。第3次産業革命では，コンピュータが開発され，細かい作業を任せることができるようになった（**自動化**）。そして，第4次産業革命では，ネットワーク技術が導入され，人同士のつながりだ

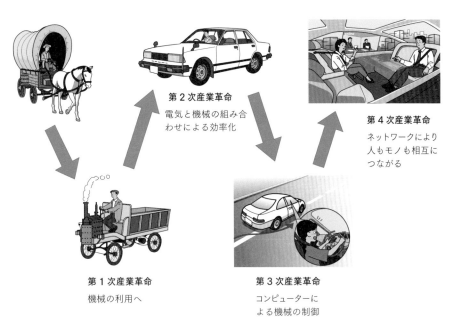

第2次産業革命
電気と機械の組み合わせによる効率化

第4次産業革命
ネットワークにより
人もモノも相互に
つながる

第1次産業革命
機械の利用へ

第3次産業革命
コンピューターに
よる機械の制御

＊1　**産業革命**　生産活動の中心が大きく変化する歴史的な変化を表す言葉である。単に産業革命と表記する場合，18世紀後半に起こった農業中心の生産活動から工業中心へと変わった歴史的な事実を指すことが多い。その後も歴史的に大きく変わった変換点があり，それぞれ順番に第1次から第3次までの3つがある。そこに新しく4つ目の産業革命が起こっていると言われている。

けにとどまるのではなく，機械や情報までもが相互につながる状態になった。この
つながりによって，情報の伝達や収集の流れが人の指示や互いの会話だけではなく
なり，機械自体が手順や判断基準を自ら見つけ出し実行できるようになってきた
（**自律化**）。今現在は，この第4次産業革命の恩恵を受けて過ごしている。第3次
産業革命から第4次産業革命を経ることで，人が直接指示を与えなくとも機械自
身が情報を活用できるようになった。それにともない，情報の収集や伝達が増え，
様々なところでやりとりされるデータ量そのものが増加した。それに応じて，コン
ピュータの処理性能の向上が急速に進んだ。さらに，計算処理能力の向上は，これ
までは計算に膨大な時間を要するために実現しにくかったことなどを可能にし，従
来技術の発展だけではなく，新しい技術の創造などにもつながった。

> **コラム** **工業化が進んだ新しい世界とは？　〜 Industry 4.0[4] 〜**
>
> 　情報技術の発展は，工業の世界にも大きな恩恵を与えている。2010年代後半，
> デジタル技術の進展と，あらゆるモノがインターネットにつながる IoT の発展が予
> 測・期待されていた。これによりコスト低減が進み，新たな経済発展や社会構造が
> 変革されるとしてドイツから Industry 4.0 という言葉が提唱された。

2 項　ビッグデータ

　たくさんの情報が簡単に得られるようになってきている中，注目される言葉に
ビッグデータという言葉がある。身近なニュースなどで時折耳にする人もいるので
はないだろうか。このビッグデータとは，データの量や種類が非常に膨大で，以前
までの技術では管理することや扱うことが難しかったデータの集まりを指している。
ビッグデータは，その特徴から，「5V で成立している」と表現されることがある。

- **Volume**　：どれくらいの量なのか（**データ量**）
- **Variety**　：どのような種類が含まれているのか（**多様性**）
- **Velocity**　：どれくらい早く情報を入力できるのか（**速度**）
- **Veracity**　：そのデータは本当に正しいのか（**真実性**）
- **Value**　：その膨大なデータは本当に価値があるのか（**価値**）

ビッグデータの例をピックアップすると次のものが含まれる[5]。

- ソーシャルメディア(SNS(ソーシャルネットワーキングサービス)など)に書き込んだテキストデータ
- オンラインショッピングサイトでの購入品や検索品の履歴
- スマートフォンで地図を調べるときの GPS データ
- 交通手段やコンビニエンスストアなどで利用した IC カードの利用履歴
- ウェブ上で配信されている動画などのマルチメディアデータ
- 会員登録などで集まるカスタマーデータ(利用者の個人情報)
- ウェブサイトやクラウドサービスへのアクセスログ
- 販売など業務で使用される商業取引に関連するデータ

コラム　ビッグデータのデータ量を想像してみよう

　普段使用しているスマートフォンで動画を視聴(画質はアプリの初期設定(360p)を利用)して、一般的にビッグデータとされる 100 万ギガバイトのデータ量をひとりで使い切る場合を考えてみる。この設定で視聴すると、おおよそ 2 時間〜3 時間ほどの動画を視聴すると 1 ギガバイト分のデータ量になる。

　全て動画の視聴で 100 万ギガバイトを使い切るとすると、おおよそ 200 万時間〜300 万時間分の動画を視聴しなくてはならない。動画を 1 日中流し続けたとしても約 240 年〜360 年程度必要となる。このことからもビッグデータは膨大な量のデータであることがわかるだろう。

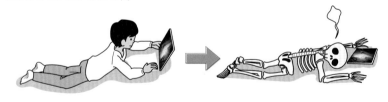

---

　1 日で収集できるデータが上記の 8 項目だけであったとしても、世界的な利用状況を考えると、その量が膨大になることは容易に想像できる。このような膨大なデータ量も技術の発展にともなって簡単に扱い活用できるようになってきた。これらの具体的な事例の中から、身近にある事例(→ 12 章)と社会的に利用されている事例(→ 13 章)を後ろの章で扱っている。

3 項　ICT と IoT：情報を使うための技術

1. ICT とは

ICT は，Information and Communications Technology（**情報通信技術**）の略称であり，コンピュータやデータ通信に関する技術をまとめた呼び方である。ICT は，半世紀ほどの時間で驚異的な速度で進化を遂げてきた[6]。情報通信の進化を，電話，放送，情報サービスの関わり合いで見ていく。

- **1970 年代前半から 1980 年代半ば**　電話といえば固定電話（携帯電話などはほぼ存在せず），通信を扱える会社は，国が管理する 1 社のみだった。この年代から「通信の自由化」が始まり，複数の大手企業の参画が始まった（今では，ローコストを売りにする企業の参入などが盛んである）。この頃の放送は，地上波によるアナログ放送しかない状態だった。情報サービスに至ってはほとんど存在しないような状況であった。

- **1980 年代半ばから 1990 年代半ば**　携帯電話とインターネットの普及が始まった。放送の世界では衛星通信やケーブルテレビが生まれてきた時代に入るが，情報サービスはまだまだ黎明期にあった。1985 年に通信の自由化が制度として始まり，移動しながら情報をやり取りする時代へと変わり始め，ポケットベル（ポケベル）を利用した一言メッセージのやり取りが始まった。

- **1990 年代半ばから 2000 年代初期**　ネットワークの高速化が始まり，ブロードバンドなどの手段が生まれてきた。これにより，電話は情報を集める機器へと変わっていった。放送では，デジタル放送が始まった時期で，アナログ放送が終了した時期に当たる。情報サービスとしては，電子決済サービスが始まった時期に当たる。

- **2000 年代初期から 2010 年代半ば**　電話はスマートフォンに，放送は 4K に，情報サービスは，動画配信サービスや SNS といった慣れ親しんだものが生まれてきた。2010 年代半ばになると，オンライン決済やテレワークといった私たちが普段使っているものが台頭してきた。

2. IoT とは

ICT の中で，「IoT」という言葉をよく聞くようになってきた。IoT（アイオーティー）とは，Internet of Things の略称で，「**モノのインターネット**」と呼ばれる。情報通信ネットワークが高速化され，膨大な量のデータを短時間で送受信できるようになった。これにより，スマートフォンやパソコンといったこれまで情報通信用

の機器として利用してきたものに加えて，自動車，家電，ロボット，施設などあらゆるモノがインターネットに接続され，相互に情報のやり取りができるようになった。**スマート家電**などが身近な例のひとつであり，例えば空調機器の中には，部屋にいない場合でもオンオフの切り替えや室温調整といったことができるようなものが出てきた。今まで特定の時間や場所で使用することが当たり前だった機器が，いつでもどこでも使用することができるようになり，新たな付加価値を生み出すことに成功した。このように専門的な分野ではなく，生活に身近なところで IoT の利活用が進み，この言葉はより注目されるようになった。

2 節　Society 5.0 に向けた情報利活用の課題と対策　〜日本が目指す社会〜

1 項　Society 5.0

Society 5.0 という言葉を聞いたことがあるだろうか。この言葉は日本が科学技術を発展させるために国として定めた政策「**科学技術・イノベーション基本計画**」にある言葉である。そのままの言葉を利用させてもらうと，次のように定義されている。

「サイバー空間(仮想空間)とフィジカル空間(現実空間)を高度に融合させたシステムにより，経済発展と社会的課題の解決を両立する，人間中心の社会」[7]

狩猟社会を Society 1.0，農耕社会を Society 2.0，工業社会を Society 3.0，情報社会を Society 4.0 として，これらに続いて目指す新たな社会を Society 5.0 と定めたものである。この言葉は，第 5 期科学技術基本計画で初めて提唱された。

あふれる情報の中から必要な情報を見つけて分析することには労力がかかる。さらに，年齢や趣向などの個人的な違いや少子高齢化や地方の過疎化といった社会的環境の差から，情報社会(Society 4.0)では，情報の入手にも発信にも違いが生まれてしまっていた。そのため，知識や情報の共有が難しく，異なる分野同士の連携も難しかった。この問題を解決した先にある目標地点が，Society 5.0 となる。Society 5.0 に到達した先では，IoT により，全ての人とモノがつながり，様々な知識や情報が共有できるようになる。Society 5.0 に向けた取り組みとして，今までにない新たな価値を生み出すための技術開発が日々行われており，その成果の一部が，AI の活用や，ロボットや自動走行車などの技術となる。

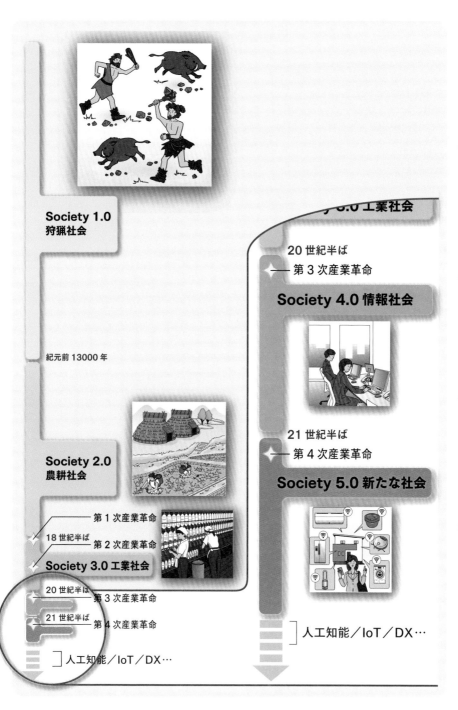

Society 1.0
狩猟社会

紀元前 13000 年

Society 2.0
農耕社会

第 1 次産業革命
18 世紀半ば　第 2 次産業革命
Society 3.0 工業社会
20 世紀半ば　第 3 次産業革命
21 世紀半ば　第 4 次産業革命
]人工知能／IoT／DX…

y 3.0 工業社会

20 世紀半ば
第 3 次産業革命

Society 4.0 情報社会

21 世紀半ば
第 4 次産業革命

Society 5.0 新たな社会

]人工知能／IoT／DX…

2 項　科学技術・イノベーション基本計画

　そもそも科学技術・イノベーション基本計画とはなんだろうか。これは，1995年に制定された「科学技術基本法」という法律によって，日本国政府が策定した，長期的な視野で考えられた科学技術政策の計画のことである[8]。2020年に，国会において「イノベーションの創出」が重要なキーワードとして位置付けられたことで，「科学技術基本法」が「**科学技術・イノベーション基本法**」に変更され，計画名もこれに合わせて変更されている。2021年度から2025年度が第6期として位置付けられており，気候問題への対応，新型コロナ禍への対応，SDGsへの対応などを実現するSociety 5.0を目指す計画となっている。

3 節　情報利用による課題と変革例

1 項　デジタル・ディバイド

　デジタル・ディバイドとは，ICT技術を使える人と，そうでない人との間で生じる，地域的・身体的・社会的な格差のことを指す。また，それにともなう社会問題のことを指し示す場合もある。

　先進国を中心にインターネットの普及が進む中で，先進国と開発途上国との間でのICT利用環境の格差が世界的な課題となった。これを受け，1998年の世界情報通信サミットにおいて，先進国と開発途上国との情報格差の拡大について課題が提起された。そして，2000年の九州・沖縄サミット（主要国首脳会議）では「グローバルな情報社会に関する沖縄憲章」が採択された[9]。この憲章の中に，「デジタル・ディバイド」の解消が，国際社会の共通課題である旨が明記された。では，日本国内ではどうだろうか。総務省の令和3年度利用動向調査によると，個人の年齢階層別にインターネット利用率は，13歳から59歳までの各階層で9割を超えている一方，60歳以降年齢階層があがるにつれて利用率が低下する傾向にあることが示されている[10]。この点から，デジタル・ディバイドは国家間だけではなく，国内でも存在している課題であることがわかる。

2 項　デジタル・トランスフォーメーション[6] [11]

　デジタルデータの収集が盛んになる一方で，その活用方法も様々なものが作られてきている。そのひとつに「**デジタル・トランスフォーメーション（DX）**[*2]」が挙げられる。これは，情報を利用したデジタル化にとどまるのではなく，ICTを利用

して日常生活をはじめとした社会活動の在り方を一変させる大きな変革である。デジタルデータの利用目的が様々であるのと同様に，DX に取り組む目的についても，企業ごとに様々である。例えば，日本では「生産性向上」を目的としている企業が約 75％と最多であるのに対し，中国では「データ分析・活用」を目的としている企業が約 80％と最多である。

3 項　STEAM 教育(情報処理，データ処理，教育)

今後は情報そのものの価値がより高まっていくと考えられている中，収集方法だけではなく，それがどのような中身であるかも重要になる。質の高い情報を得るためには，情報教育を適切に身に付ける能力が問われていく。このような能力を身に付けるひとつの手段として，**データサイエンス教育**が推奨されている。これとあわせて，STEM 教育が推奨されるようになった。STEM 教育とは，Science（科学），Technology（技術），Engineering（工学），Mathematics（数学）を総合的に学び，知識を連携させて活用できるような人材育成を目指すものである。最近では，理系科目だけではなく，Arts / Liberal Arts（芸術 / 音楽・文学・歴史などの教養)を加えた **STEAM 教育**が，文系・理系の枠を超えた教育として推奨されるようになった。文科省では，**GIGA スクール構想**[*3] の一環として，STEAM 教育に基づいた教科横断的学習を推進している[12]。

＊2　**デジタル・トランスフォーメーション（DX）**　企業が，クラウドやビッグデータなどの技術を利用して，新しい製品やサービス，ビジネスモデルを作りだすとともに，これまでの組織や文化を変革しつつ，競争上の優位性を確立することを指す。

＊3　**GIGA スクール構想**　GIGA は Global and Innovation Gateway for All の略称である。ICT が浸透したことにより，様々な分野でその知識が必要となってきている。この現状に対応するため，全国の児童や生徒 1 人に対して，1 台のコンピュータと高速ネットワークを整備することで，先端技術に触れる機会を早々に作ろうとする文部科学省の取り組みのことを指す。

🔍 調べてみよう

　日本の科学技術を発展させるための計画の中に，Society 5.0 が組み込まれていることを説明した。この Society 5.0 の実現でどのようなことが期待されているのか，例を探して調べてみよう。

参考文献

[1] 総務省「第4次産業革命における産業構造分析と IoT・AI 等の進展に係る現状及び課題に関する調査研究報告書」（2017 年 3 月）
[2] 総務省「平成 29 年版情報通信白書」
[3] 総務省「情報通信白書 for Kids」
　　https://www.soumu.go.jp/hakusho-kids/ （2023 年 6 月閲覧）
[4] Henning Kagermann, Wolfgang Wahlster, Johannes Helbig, "Securing the Future of German Manufacturing Industry: Recommendations for Implementing the Strategic Initiative INDUSTRIE 4.0.", Final Report of the INDUSTRIE 4.0 Working Group, Vol. 4.
[5] 総務省「平成 24 年版情報通信白書」
[6] 総務省「令和 4 年版情報通信白書」
[7] 内閣府「Society 5.0」
　　https://www8.cao.go.jp/cstp/society5_0/ （2023 年 6 月閲覧）
[8] 内閣府「科学技術基本計画及び科学技術・イノベーション基本計画」
　　https://www8.cao.go.jp/cstp/kihonkeikaku/index.html （2023 年 6 月閲覧）
[9] 外務省「グローバルな情報社会に関する沖縄憲章（仮訳）」
　　https://www.mofa.go.jp/mofaj/gaiko/summit/ko_2000/documents/it1.html
　　（2023 年 6 月閲覧）
[10] 総務省「令和 3 年通信利用動向調査」
[11] 「世界最先端デジタル国家創造宣言・官民データ活用推進基本計画」（令和 2 年 7 月 17 日閣議決定）https://cio.go.jp/node/2413 （2023 年 6 月閲覧）
[12] 文部科学省「StuDX Style」https://www.mext.go.jp/studxstyle/index.html （2023 年 6 月閲覧）

第 4 章

広がるデータ活用の幅

　世の中はデータサイエンスや AI によって変化してきたが，実際にその変化を感じているだろうか。

　本章では，日常の中で気付かれないうちにデータが集められていることや，どのようにそれが活用されているのかを見ていこう。利用者の立場だけでなく，サービスを提供する側，データを扱う側にも想像を働かせながら考えてみてほしい。

1 節　身近に広がるデータサイエンス

1 項　データサイエンスで使われるデータ

データサイエンスと聞くと，次のようなことを考えるのではないだろうか。

- 扱うデータは分析のしやすさから，デジタルのデータだろう
- データは，手書きではなく，情報端末で入力されたものだろう
- データを集めたり使えたりするのは，専門家だけの特権なのだろう

これらはどれも正しいが，どれも少しずつ異なる。まず，扱うデータはデジタルデータだが，だからといってすぐに分析できるとは限らない。例えば，スマートフォンで撮影した写真を考えてみよう。この画像はデジタルデータだが，コンピュータは画像を小さな粒の集まりと認識するため，画像の持つ情報を認識できない。その画像に何が写っていてどんな情景であるかを意味付けするためには，その画像データに関する情報を加えなければならない。例えば，撮影日時や位置情報（**ジオタグ**）を付与したり，特定の誰かの顔が映っていることを AI に認識させて後から情報を追加したりする（**アノテーション**）。このような情報を付与してはじめて「いつ」，「誰が」，「どこで」などの意味を画像データに与えることができ，それによってコンピュータに分析させることができるようになる。

手書き文字はアナログではあるが，実は分析不可能ではない。AI によって文字のパターンを認識させれば，キーボードで入力したデータと同じように，分析可能なデータに変換ができる。例えば Google の翻訳サービス[1]では，スマートフォンのカメラをかざすと，外国語で書かれた看板やレストランメニューを即座に翻訳できる。音声入力や手書き文字も同じように翻訳できる。

このように，データサイエンスで活用するデータを得ることはそれほど難しいことではない。自分で集めることもできるので，まずは表計算ソフト等を用いた基本的な方法で分析することから始めるとよい。自分で集めることは難しいデータも，公的なデータが一般に公開されており，無償で入手できるデータもある（**オープンデータ**）。

私たちが活用できるデータは，身近に広がっていることを学んできた。このようにデータの利活用が身近になったのは，コンピュータやセンサが小型化し，低価格化したことで，通信が高速化して大量のデータを扱えるようになったからである。1990 年代のコンピュータは，個人で所有するには大変高価なものだった。その後パソコン（パーソナルコンピュータ）が普及してコンピュータを個人で所有できるようになり，携帯電話（ガラケー）が当たり前になり，スマートフォンは生活必需品の

ひとつになった。今ではスマートウォッチやスマートグラスなどの**ウェアラブル端末**，カメラや Wi-Fi を内蔵したスマート家電，身の回りのモノをインターネットに接続する IoT も広がりつつある。あらゆるモノがコンピュータ，センサ，インターネットに接続可能になったことで，たくさんのデータが生成され，分析対象となり得るデータが大幅に増えた(ビッグデータ)。

2 項 あれもこれもデータサイエンス

身近にあふれるデータはどのように活用されているだろうか。

家計簿アプリの中には，クレジットカードや銀行口座，ポイントカード，電子マネーなどと連携することで，自動的に入出金が記録される便利なものもある。また，レシートを撮影することによって，いつ，どこで，何を，いくら購入したかを記録できるものもある。一年の終わりには収支をまとめ，家計を見直すためのグラフを生成したりすることが簡単にできる。

天気予報では，気象庁のデータだけでなく個人ユーザの報告や空模様を撮影した写真などのデータを集めることで，より精度の高い情報を提供している。ウェザーニューズ社の「ウェザーリポート」[2]では，従来よりもはるかに多いデータを分析することで，局所的で短時間の集中豪雨や雷雨の予報に役立てている。

スポーツ観戦では，昔に比べ表示される情報が増えている。野球では，ストライクゾーンが画面に重ねて表示されることで，どこに投げたのかが分かりやすくなっている。高性能な機材が安価になったことで，投球の速度や打球の飛距離が瞬時に測定され，チームの強化や戦略に活かされている。視聴者にも測定結果がすぐに配信されることで臨場感ある新しい野球中継が実現している。体操競技では，選手の動きを細かに捉えるカメラやセンサを使って，手足の位置や身体の回転を測定することで，より正確な採点に役立てている[3]。こうしたスポーツ用の分析ツールは，専用の機材を使用せずに，スマートフォンのアプリだけで実現できるものもある。ヘルスケアの記録，ピッチャーの投球速度やランナーの走行距離の測定，試合のスコアブック，フォーム確認などができるアプリなども登場している。このようなアプリを使えば，個人でもデータが分析できるため，スポーツの楽しみ方も多様になるかもしれない。

2 節　販売データ　〜コンビニのレジはデータの宝庫〜

1 項　レシートに隠されている価値

　私たちの日常生活にデータサイエンスが役立っていることを見てきたが，今度はデータを提供するという視点で見てみよう。

　手元にレシートがあるなら見てほしい。そこには何が書かれているだろうか。例えばポイントカードを提示した店で受け取ったレシートと，そうでないレシートを比べてみると情報量が異なる。ポイントカードを発行しているようなコンビニやスーパーなどが発行するレシートは，購入した商品名，単価，支払い金額のほかにも，支店名，購入日時，レジ番号，レジ担当者の ID，ポイントカードの番号（会員番号）など，様々な情報が記載されていることが分かる。レシートに印字されている情報は，店側でもその情報が記録されており，販売予測や仕入計画に役立てられている。

2 項　販売計画に役立つレジ

　多くのレジでは，お金を受け渡す前に，商品バーコードを読み取る。こうすることで，合計金額を表示することになるが，そのほかに店側としては販売情報を蓄積している。この情報を用いて，売上を逐次把握したり，商品の補充や賞味期限を管

✎ **コラム**　**ビッグデータ分析〜どの商品が一緒に買われる？〜**

　コンビニもスーパーも，何千，何万点もの商品を扱っており，多くの顧客が日々利用するから集まるデータは膨大である。バスケット分析，あるいはアソシエーション分析（連関分析）と呼ばれる手法では，購買情報を使って，ある商品と同時に購入されやすい商品を発見できる。「買い物かご（バスケット）の中に，お弁当とペットボトル飲料が一緒に入れられること（購入されること）が多い」というルールが発見されれば，お弁当コーナーのそばにペットボトル飲料を陳列したり，お弁当を購入した人はペットボトル飲料が値引きされるなどの販売促進キャンペーンを展開したりできる。POS データを分析することで新たな発見を得て，効果的な販売戦略につながる。

理している。このようなレジを POS レジなどと呼ぶ。**POS**（ポス）とは Point of sales（販売時点情報管理）の略で，「いつ，何が，いくらで，いくつ売れたか」が記録・集計される。なかでも，会員情報と紐づけて「誰が」購入したかが分かるシステムのことを「**ID-POS**」と呼ぶ。ポイントカードを作るとき，名前，性別，年齢，住所などの個人情報を登録するが，この会員情報と購買情報を合わせることで，「どんな人が，どんな商品を好むか」というルールを発見できるのである。

　こういった分析は，仕入計画や販売促進，食品ロスの削減にも役立てられている。同じチェーンの他店舗のデータと比較することで，「他店舗でよく売れているが，自店舗ではまだ仕入れていない商品」を発見したり，他店舗の分もまとめて仕入れることで原価を安く抑えたり，他店舗の在庫から取り寄せて余剰在庫や過剰発注を軽減することも可能である。

3節　協調フィルタリング　〜"あなたと似た誰か"が買ったもの〜

　Amazon などの **e コマース**（Electronic Commerce：EC）[1] を考えてみよう。Amazon は，「地球上で最も豊富な品揃え」という謳い文句のとおり，取扱商品点数は何千万点とも何億点とも言われる。私たちの身近にある実店舗とは比べ物にならないほどの豊富な品揃えである。実店舗では陳列スペース，バックヤードの倉庫にも品揃えにも限りがある。そのため，取り扱う商品は売れ筋商品を中心に，顧客の手が届きやすいように並べることが王道である。「総売上の 8 割は，2 割の売れ筋商品で得られている」（**パレートの法則**）と言われるように，売れ筋商品を手が届きやすいところに陳列することは，全体の売上アップに効果的である。

　一方，e コマースでは実店舗を持たなくてもよいため，顧客の利便性を意識する必要はなく，大きな倉庫に商品を高く積み上げることもできる。また，広く一般に人気の商品に限ることなく，特定の人にしか売れない商品や珍しい商品も取り扱える利点もある。図 4-1 は，ある EC サイトにおいて，商品を販売点数の多い順に並べたグラフである。このグラフは，長いしっぽのような形をしていることから「**ロングテール**」と呼ばれる。売れ筋商品がヘッド，残りがテールとなる。「あまり売れないテール部分の商品も，たくさん取り扱えば全体の売上を引き上げられる」というのがロングテール理論である。Amazon 社はこれをうまく活かして成長したと言われる。

＊1　**e コマース**　オンライン上で商品やサービスを売買するサイトのことを指す。日本語に訳すと「電子商取引」となる。ネットオークションサイト，ネットスーパー，フリーマーケットサイトなども含まれる。

図 4-1　あるEC サイトでの商品別の売上グラフ

　あまりに多くの商品があるとどの商品がより良いのか迷いそうだが，e コマースはそういった顧客への商品の薦め方にも特徴がある。例えばAmazon のページを開くと，「この商品を買った人はこんな商品も買っています」，「お客様が閲覧した商品に関連する商品」といった言葉が並んでいることに気づく。紹介された商品の中から，本当に気になる商品が見つかることもある。

　この仕掛けを**推薦システム**あるいは**レコメンドシステム**と呼ぶ。このシステムに，データサイエンスが活きている。Amazon 社は推薦システムの技術を発展させたことで知られる。このシステムでは，一般的に人気のある商品ではなく，A さんという個人に合わせた商品が推薦される。A さんのこれまでの購買情報と，A さん以外の不特定多数の購買情報を使って，他の顧客の購買情報がA さんの購買情報とどれくらい類似しているかを計算する。そして，「A さんが購入する商品と同じ商品をよく購入しているB さん」を見つけて，「A さんがまだ購入していなくてB さんは購入している商品」を推薦するのである。

　このような，A さんの購買行動と他の顧客の購買行動の類似性から商品を推薦する仕組みを**協調フィルタリング**と言う。顧客の特徴(年齢や性別など)や商品の仕様によって推薦するのではなく，顧客の購買行動に着目することで，意外性のある商品を提示できる点が，協調フィルタリングの良さである。

　一方，協調フィルタリングの弱点として，珍しい商品に対する目新しい関連商品は提案しにくいことが挙げられる。例えばこんなことがある。ある学生がAmazonで専門書を購入したところ，そのページに掲載されていた関連商品の約半数は既に読んだことがあった。実はその専門書は，大学のゼミで読むために購入したもので，推薦された関連商品は過去のゼミで読んだ本だった。つまりその専門書を買う人の多くは，そのゼミと関わりのある人(ゼミの先生，学生，卒業生，先生とよく一緒に研究している他の先生たち)であり，購入する本の傾向が自然と似てしまったのだ。自分の購買情報が他の購入者への推薦に利用されても，意外性のある商品が提

示されるとは限らない一例である。また，その学生がまだ読んでいない本が関連商品に表示されていたが，それらは全て過去のゼミで使われた本であった。つまり，学生はゼミの先生がどんな本を読んでいるのか（正しくは，過去のゼミでどんな本を読んできたか）が分かってしまった。このように，特定の個人の購買情報が判明することは多くないだろうが，こういったことも起こりうる。

協調フィルタリングによる推薦システムが活かされているのは，EC サイトだけではない。YouTube や Twitter，Instagram では，視聴履歴やフォローしているアカウント，いいね！したコンテンツなどからも予測され，他のコンテンツが推薦される。

導入
社会におけるデータ・AI利活用

このように推薦システムは身近であるが，ふと「同じようなものばかりに囲まれている」と感じることはないだろうか。こういった状況を**フィルターバブル**という（→ 15 章）。実店舗では，紹介されない様々な商品を手に取れるため，ときには思いもよらない商品と出会えることもある。しかし膨大な商品を取り扱う EC サイトでは，キーワード検索や関連商品の推薦などから，商品を絞り込んだり並べ替えたりした上で選んでいる。私たちは

膨大な商品ラインナップから探し出しているというより，絞り込まれた中から選ばされているようにも思えてくる。

✏️ **コラム** **どちらが効果的？　Ａ／Ｂテストで実験する！**

ウェブサイトにはいいね！ボタンやバナー広告など，クリックする箇所が多くある。広告の配色やパーツの配置などによって，閲覧者がクリックする確率が異なるかもしれないが，試してみないと分かりづらい。そこでウェブサイトを閲覧に来た人をランダムに分け，一方には従来のデザインのページを，もう一方には新しいデザインのページを見せる。このような実験データによりどちらのデザイン案がクリック数や購入率の増大に効果的かを確かめることができる。Ａ案とＢ案のどちらが効果的かをテストする方法を**Ａ／Ｂテスト**という。効果的かどうかを判断するには**統計的仮説検定**（→ 10 章）を用いるとよい。

4 節 データの活用が生み出す新しい価値

　データを活用することの意義は，現状把握だけでなく，新しい価値の創出もある。

　昔の大学では，学生の呼び出しや連絡は掲示板に貼り出し，出席は点呼や用紙を配布し，レポート課題は専用ポストに投函していた。これらをデジタルで対応する大学も増え，授業資料の配布や課題の採点，講義の配信，学習状況の確認もオンラインで可能になった。期末テストやレポート課題のような成果物だけでなく，日頃の学習への取り組みを総合して評価することも可能になりつつある。

　企業ではテレワークが推進され，在宅ワークが可能になり，家事育児と両立しやすくなった。一方，新たな問題も生まれている。テレワークでは労働時間や残業時間の管理が難しいため，サービス残業が常態化することや，その反対に就業時間中に遊ぶ人がいても気がつきにくいことなどが問題視されている。また，コミュニケーションの取りづらさなどの問題もある。今は移行期であるためテレワークに限らず様々な場面で利点や欠点が見えてきているが，これらを乗り越え，みんなが納得する方法が見つかってこそ，本当の意味で新しい働き方が実現したと言えるだろう。

？ 考えて み よ う

　テレワーク化によって，労働時間の把握は出退勤時間によらなくなった。在宅ワークでの労働時間はどのようなデータがあれば計算できるだろうか。テレワーク化したことによる人事評価の難しさについて，具体的に調べてみよう。

参考文献

[1] Google 翻訳
　　https://translate.google.com/intl/ja/about/（2023 年 6 月閲覧）
[2] 株式会社ウェザーニューズ「予報精度 No.1 の天気をさらによくするために」
　　https://weathernews.jp/about_forecast/（2023 年 6 月閲覧）
[3] 富士通株式会社「体操競技の新時代にふさわしいデザインを追求「AI 採点支援システム」」
　　https://www.fujitsu.com/jp/about/businesspolicy/tech/design/activities/aijss/（2023 年 6 月閲覧）

第 **5** 章

AI 開発の歴史といま

　過去にも AI ブームと呼ばれる盛り上がりがあった。その当時の AI はどのようなものだったのだろうか。また，第 3 次 AI ブームと呼ばれる現在の AI は，過去のものと比べてどこが違うのだろうか。

　この章では，歴史を振り返りながら，AI の活用とその限界を考えてみよう。

1 節 人工知能技術の成長と限界

　2010 年頃から AI の技術はビッグデータを取り入れながら目覚ましい成長を遂げ，生活の中でも身近になってきた。例えば将棋や囲碁の棋士には AI を相手に対局を重ねている人もおり，ここから着想を得て，これまでの定石を覆す一手を生み出している。家電量販店に行けば冷蔵庫，洗濯機，掃除機など，AI が搭載されている家電製品が売られている。サービスや製品の問い合わせ業務に**チャットボット**を導入している企業もある。このサービスでは顧客はウェブサイトにアクセスし，まるで AI と会話しているように適切な情報提供や手続き案内を受けられる。自治体によっては役所の窓口業務にもチャットボットを導入しており，効率化を図っている。

　このような AI の発展は，今に始まったことではない。本節ではまず AI のブーム，その成長や限界への気付きが繰り返された "冬の時代" について簡単に振り返り，今の AI でできることとできないことを考えよう。

1 項　第 1 次人工知能ブーム〜人間のような知能を持った機械への期待〜

　第二次世界大戦中，暗号解読や爆弾の軌道を導くために膨大な計算が必要となり，これに応えるようにコンピュータの技術は大きく発展した。この時代のコンピュータは今のコンピュータの性能には及ばないが，それでも速く正確に計算できる機械として重宝された。

　終戦後は民間企業もコンピュータの研究開発に携わるようになり，1950 年代から 1960 年代にかけて，最初の AI ブームが訪れる。1950 年，英国の数学者アラン・チューリングは，人間の脳の思考モデルを機械で実現するための研究をまとめ，ある機械が「人間的」かどうかを判定するためのテスト(**チューリングテスト**)を提唱した。知性とは何かという哲学的な問いかけと，人間的な知性を持つように見える機械の開発が注目された。

　1956 年，米国で開かれた**ダートマス会議**で初めて「人間のような知能を持った機械」に対して「人工知能」という言葉が使われたとされる。当時の AI は，例えば迷路やオセロなどの解法を全通り計算し尽くして，その中から最も良い解を見つけ出す，ということを得意とした。しかし，この方法では，迷路などのように環境条件が明確で，場合分けが有限(数え上げが可能)ならば計算可能であったが，現実の問題はこのような条件になる方が稀であるため全く太刀打ちできないことが分かった。人間は複雑な問題に対してもその度に状況を判断し，全ての可能性を考えることなく意思決定できる。このことからも全通り計算する方法とは異なるアプ

ローチが必要であると考えられた。このように，当時の AI は，ルールやゴールが明確に定まった**トイ・プロブレム**(おもちゃの問題)しか解けず，もっと複雑な現実の問題には対処できないと批判され，しばらく忘れ去られることとなった。

✏️ コラム　フレーム問題

　第1次人工知能ブームのコンピュータは，迷路やオセロ，暗号解読といったルールや環境が決められた状況下で活躍するものだった。しかし，現実にはそのような問題は珍しい。この問題を解けるようになることは，AI にとって重要かつ難しい問題の1つである。このような問題をフレーム問題という。問題を解決するために必要な事柄だけを選び出して(フレームの設定)解決するには膨大な計算を必要とし，時間がかかるという問題がある。人間には簡単な課題でも AI にとっては難しい「フレーム問題」の例として次のようなものがある。

　洞窟の中にロボットのためのバッテリーがある。3体のロボットに「洞窟からバッテリーを取り出してくること」を命令したとする。しかし，バッテリーの上には時限爆弾が仕掛けられている。

　第1のロボットはバッテリーを取り出すと爆弾も一緒に持ち帰ることになることが分からず，洞窟から出ると爆発してしまった。

　第2のロボットはこれを踏まえて開発されたため，「バッテリーを触ったら爆発するかもしれない」，「壁が動いたり，色が変わったりするかもしれない」，などとあらゆる状況変化とその対応を計算し尽くそうとし，計算しているうちに爆発してしまった。

　第3のロボットは，そのような余計なことは考えないように設計しなおした。しかし洞窟に向かうことなく立ち止まってしまい，「目的とは関係のないこと」とは何かを延々と計算していた。

　あなたならロボットにどのような命令を下すだろうか。

2 項　第 2 次人工知能ブーム〜専門家のような人工知能を目指して〜

1980 年代から 1990 年代にかけて，専門家の代わりとなる AI の開発が目指された。そうして開発された**エキスパートシステム**によって，第 2 次人工知能ブームが到来する。

エキスパートシステムが得意としたことのひとつは，辞書的意味の蓄積である。言葉を定義するとき，辞書には「A とは B である」のように別の言葉で表現されている。同じやり方で専門家が持つ膨大な知識をデータベース化できれば，"生き字引"のような専門家の役割の一部を AI に置き換えられると考えられた。

もうひとつ得意としたことは推論支援である。「もし X ならば Y である」と「もし Y ならば Z である」の 2 つのルールが蓄積されていれば「もし X ならば Z である」と計算できるようになった。このようなルールをプロダクションルールと呼ぶ。

エキスパートシステムのように膨大な知識を有し，複数のルールから推論できる力を持つならば，例えば医者のような高度な専門的人材を代替，もしくは超越する AI となるのではないかと期待された。医者にかかると問診を受けるが，それと同じことを AI に任せるという発想もあった。いきなり全てを任せることはできないだろうが問診だけなら代替できるかもしれない。

しかし，このシステムにも限界があった。人は言語化しづらい知識や，熟練者の直感や経験則による意思決定の場面も無数にあることが分かったためである。言語化もルールの明確化もできないならば，当然プログラムに記述することもできない。こうして第 2 次人工知能ブームは終わった。

コラム　エキスパートの"代わり"から"支援"へ

病院へ行くと，触診や外科的処置もなく，問診と処方箋だけで終わることも多いのではないだろうか。しかし医師は問診だけで判断しているのではないという。これまでの病歴，診察室に入るまでの足取り，ドアの開け方，顔色，付添人の様子なども観察する。それらが全て定量的に測れるとは限らない。医師はそれらを総合的に考えた上で診察を行うため，診断を下すまでの思考の過程は医師によって異なる。熟練者の思考回路を一律のプログラムに落とし込むことはかなり難しい。

現在も病院にはエキスパートシステムに近いツールはあるが，目的は当時と異なる。患者が訴える症状に応じて聞きたい質問は診断前に尋ね，診察時間の短縮に役立てている。英国では，利用者の半数が診察を受ける必要がないことに気づき，医師の過重労働や医療コストの削減につながったという。すなわち現在利用されているものは医師の代替ではなく，医師の支援を目的とする[1]。

3 項　第3次人工知能ブーム〜学習する人工知能〜

　2010年代になると，**機械学習**の発展によりAIブームが巻き起こった。なかでも**ニューラルネットワーク**や**ディープラーニング**と呼ばれる技術がAIの大躍進の大きな要因となった。これらの技術が一般に知られるようになったのは2012年，Google社が「人間が教えることなく，AIが自発的に猫の画像であると認識することに成功した」と発表してからだろう。俗に「Googleの猫」と呼ばれる出来事である[*1]。

　Google社は，インターネット上から無作為に選んだ画像を大量に用意した。AIはその中から「猫」の特徴を学び，初見の画像でも自動的に猫を分類できるようになった。このときGoogle社は「猫とはどんな特徴を持っているのか」をあらかじめ教えることはせず，AIが自ら学び取ったため，世界を驚かせた。しかしどうやって猫だと判断したのかは人間には理解できない（**ブラックボックス**）。

> ✏️ **コラム**　**七転び八起き！　たくさん転んで学習する歩行ロボット**
>
> 　強化学習は歩行ロボットの開発にも役立っている。ロボットは作るのが大変であるため十分にシミュレーションを行ってから開発してきた。しかし，考えられるあらゆる条件を試しても現実世界は風が吹いたり，人や物がぶつかったりするなど環境変化がランダムに起こるためロボットの姿勢を保つことは難しかった。ふらつくことのない頑強なデザインで作ることを考えがちだが，逆転の発想もある。つまり，たくさん転ばせることで転ばない姿勢を学習させるという方法である。歩行や寝返りは良い動作，目的の方向に進まないのは良くない動作として学習させる。すると，このような歩行ロボットは，初期状態ではまったく歩きそうもないのだが，なにかの拍子に倒れた後に寝返りをうち，そのうち立ち上がるようになる。最初は方向が定まらずに千鳥足だったのが，しっかりとした足取りで歩行できるようになるのである[2]。

＊1　**Googleの猫**　AIには猫を選ばせようとしたわけではないのになぜ猫を学習したのだろうか。無作為とはいえ，そこに猫が含まれる画像が多くあったから学習が進んだことになる。世界にどれほど愛猫家がいるのかがわかるだろう。

第3次人工知能ブームでは機械学習が注目されるが，機械学習には大きく分けて3つある。**教師あり学習，強化学習，教師なし学習**である。「Googleの猫」は，教師なし学習の事例のひとつである(→ 11章)。

② 節　生活の中のAI

1 項　テレビ視聴率の求め方

　AIの歴史を振り返ってきたが，現代の活用事例に話を戻そう。

　テレビ番組の視聴率はどのように測定しているのだろうか。従来の方法では一部の世帯に協力を得て，試聴番組を測定する機械をテレビに接続していた。しかし，番組の視聴方法が多様になった現在は，テレビ番組を録画している人も，ネット配信で視聴する人もいるだろう。その結果，テレビに機械を接続する方法では，視聴者の実態と測定された視聴率とはかけ離れた状況が生まれてしまった[*2]。ネット配信に限って言えば，一部の世帯への調査(**標本調査**)ではなく，全ての視聴者を対象とした調査(**全数調査**)の方が良いかもしれない(→ 9章)。

　リアルタイムでの視聴状況にこだわるならば，Twitterを活用した指標もある。ドラマを見ながら俳優を応援するツイートやストーリー展開の感想をシェアする人を換算することで，どのくらい見られているかを測る方法である。例えば株式会社電通と株式会社ビデオリサーチが行ったTwitterのデータを用いた調査[3]によると，東京オリンピック(TOKYO2020)で最も"バズった"のは，ドラゴンクエストの曲が流れたタイミングだと言う。

　では，どんな人がツイートしていたのかは分かるのだろうか。Twitterは匿名でのアカウントがほとんどであるため，直接的には分からないものの，ツイートの内容から推定することは可能である。この推定にも機械学習が有効である。年齢や性別，好きなことなどのプロフィールが明らかになったツイートのデータをAIに学習させれば，プロフィールが明らかでないアカウントも，そのツイートからどのような人物か推定できるようになる。

　このように，AIに学習させるデータがあれば，新たなデータであっても推定することが可能である。誰かがテレビ番組を見たという行動ログデータを学習させる

[*2]　**データバイアス**　母集団の特徴を捉えられていない集団からデータを収集してしまい，データが偏ってしまうこと。集めやすいデータだけで分析すると，誤った結論を導いてしまうことにつながり，差別や偏見，誤った認識を助長しかねないので十分に注意しよう。

ことによって「視聴者がどれほどいたか」といった単純な分析だけではなく,「どんな人が視聴していたか」や「熱心な視聴者はどこに注目していたか」などの細かい分析もできるようになる。しかし,年齢や性別だけでなく,個人を特定できてしまうとしたらどうだろうか。技術的に可能だったとしても,許されないこととの線引き,歯止めの方法は考えなくてはならない(→ 14 章)。

2 項　異常や不正の検知〜安全を守るために〜

　日々暮らしている中ではなかなか感じづらいが,見えないところで私たちの安全を守るために働く人たちが多くいる。工場では製造機械だけでなく,異物の混入や製品の欠陥を検査する(検品)ための機械や,機械が正常に稼働しているかどうかを分析するコンピュータもある。惣菜や冷凍カット野菜の製造や原材料の検品作業にAI による画像処理技術を採用した企業もある[4]。特にベビーフードは,他の惣菜以上に安全水準が厳しく,特に異物などを見逃さないようにする必要がある。その

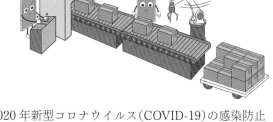

ためより丁寧に見る必要があり,労働への負担が大きくなる。AI を導入することにより,労働負担の軽減と作業効率の向上につながったという。

　EC サイトでの不正利用の防止にも,AI が役立っている。2020 年新型コロナウイルス(COVID-19)の感染防止策として外出自粛や実店舗の休業要請などが求められた。このことにより,人と直接対面でやり取りする必要のない EC 市場はさらに拡大した。EC サイトでは,注文してから指定の住所まで発送するためタイムラグが生じ,決済は電子マネーやクレジットカードで支払われることも多いという特徴がある。そのため実店舗とは異なる犯罪やトラブルが起こる。

　ある商品を注文するとポイントが還元されることがある。このポイントだけを稼ぐため,注文と取消・返品を繰り返す悪質な利用者がいた。ホテルや旅行業者に対してこのような行為が行われると,部屋や座席は確保したまま売上はなく,その客のために用意したものは無駄になる。その上,その客にポイントを与えたままになればそのポイント分も事業者側の損失になり,不正なポイントが利用されればさらに被害は大きくなる。

　他にも,商品購入時に不正なクレジットカードを利用されると,販売者側の損失になるケースもある。盗まれたカードで高価な商品が注文された場合,不正である

ことが分かると販売業者がカード会社に代金を返金しなくてはならず，商品が手元に戻ることはほとんどない。

　異常な発注を素早く検知したり，不正な利用が発覚したら似たような案件が他にも起きていないかを検出したりすることができれば，上記のようなトラブルは回避できる。最近ではAIを活用し，不可解な行動が見られた場合はアラートが発せられるようになっている。例えば「過去に不正利用されたクレジットカードで大量に購入している」，「クレジットカードの持ち主の住所以外の届け先を指定している」，「日本在住の顧客なのに海外から発注している」などは警戒されるかもしれない。これらの仕事は，従来は人の手で分析されていたが，取引が激増して人手不足となった。長年の経験をマニュアル化することができれば，不正利用の判断はAIによって支援できる。

　他にも，物流における配車計画を立てたり，ビッグデータを用いて売上などの成果に影響する原因を特定したり，仮説を検証したりなど，AIやデータサイエンスの活用は広がっている。

❓ 考えてみよう

　クレジットカードでは利用者の勤務先や年収，家族構成，これまでの利用金額などから総合的に判断して，その人の信用度を利用限度額に反映させる。電子マネーでも人によって利用限度額が変わるとしたらどうだろう。最近，利用者の信用度や将来可能性をスコア化する**スコアリングサービス**という仕組みが話題である[5][6]。このスコアは利用限度額のほか，銀行からの融資，利用サービスや優遇措置などに反映される。勤務先や年収等に加えて，性格や好み，日々の睡眠時間や歩数なども含まれるサービスもあるようだ。それらは信用度にどう関係し，スコアによって誰がどんな利益・不利益があるのか，考えてみよう。

参考文献

[1]　ユビー「AI問診とは」　https://ubie.app/about-ai-monshin（2023年6月閲覧）
[2]　MIT Technology Review「まるで「生まれたての動物」、歩き方を自力で学ぶロボット犬」by Melissa Heikkilä（2022年7月20日）
[3]　谷内宏行「東京オリンピックの「バズ」を解析してみた」情報メディア白書2022～"WITHコロナ"時代のメディア接触と発信をひもとく～ No.3（2022年5月23日）https://dentsu-ho.com/articles/8192（2023年6月閲覧）
[4]　キユーピーアヲハタニュース「AIを活用した原料検査装置をグループに展開」（2019/2/13）https://www.kewpie.com/newsrelease/2019/1152/（2023年6月閲覧）
[5]　総務省「令和2年版情報通信白書　第1部第3節（2）スコアリングサービスの広がり」https://www.soumu.go.jp/johotsusintokei/whitepaper/ja/r02/html/nd133120.html（2023年6月閲覧）
[6]　日経 xTECH「ヤフーが信用スコアの初期設定をオフに、プライバシーポリシーも改定へ」（2019年9月9日）https://xtech.nikkei.com/atcl/nxt/news/18/05924/（2023年6月閲覧）

第 6 章

情報倫理とセキュリティ

　収集した多種多様な大量のデータ（ビッグデータ）は，分析したり，AI
に学習させたりすることで，私たちにとって活用しやすい情報に変えられる。
私たちは，このような活動を通して生活を豊かにしてきた。しかし，この営
みは，適切に情報を扱う上で求められる行動規範（道徳）である情報倫理
に則っていることが前提となっている。データは，情報資産とも呼ばれるよ
うに，それ自体に価値があることを忘れてはならない。

　この章では，情報やデータを扱う上で大切な情報倫理とセキュリティに
ついて見ていこう。

1 節 情報セキュリティの要素

セキュリティと聞くと，**コンピュータウイルス**[*1] や**不正アクセス**などによって情報が流出しないように情報をしっかりと守るというイメージがあるのではないだろうか。例えば，頻繁に見たり更新したりする必要があるが，自分以外の誰にも見られたくない重要なデータ(ここでは仮にデータ X とする)があるとしよう。このデータ X を，誰にも分からないような英数字記号を組み合わせた複雑なパスワードで保護し，ネットワーク上で誰にも使われないように USB メモリに格納し，USB メモリ自体にも誰にも使われないようなパスワードを掛け，さらに物理的対策として金庫に入れて屋根裏に保管しておけば，流出することはまず無いと考えられるだろう。しかし，このデータ X は頻繁に見たり更新したりする必要があるため，このような厳重な保管方法では，更新の度に屋根裏から金庫を出すところから順を追って解除していくという作業が生じる。これは極端な例だが，毎回同じようなセキュリティと解除を繰り返すのは非常に面倒であり不便であることを分かってもらえただろうか。

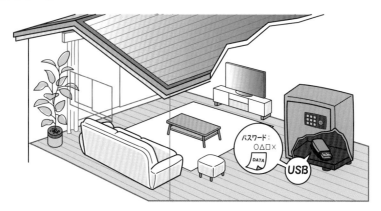

それでは，情報に関するセキュリティはどのように考えたら良いのだろうか。まず，「**情報セキュリティ**」と「**サイバーセキュリティ**」に分けて考える。情報セキュリティとは，情報の破損や漏えいを防ぐために情報を安全に保つ考え方である。一方でサイバーセキュリティとは，情報セキュリティへの脅威に対処する考え方である。

....

＊1 **コンピュータウイルス** 害のあるソフトウェアを総称して「マルウェア」と呼び，他のプログラムに寄生して動作するものを特に「ウイルス」と呼ぶ。一般的には悪意のあるソフトウェア全体を「ウイルス」と呼ぶため，本書ではこちらに合わせて「コンピュータウイルス」と表記している。

一般ユーザーはひとまず情報セキュリティを意識しておけば大丈夫であろう。情報セキュリティには，**CIA** と呼ばれる次の3つの要素がある[1]。

- Confidentiality：**機密性**
- Integrity 　　：**完全性**
- Availability 　：**可用性**

①機密性

機密性とは，許可された者だけが情報を利用（アクセス）できることをいう。誰でもアクセスできる状態であれば機密性は低く，情報が破損したり，漏えいしたりする原因になる可能性がある。これを防ぐために情報には適切な「**アクセス権限（許可）**」を与え，徹底した保護と管理をする必要がある。アクセス権限（許可）を与えられた人も，安易なパスワードを設定しない，ID やパスワードをメモなどに残さない，情報を外部に持ち出さないなど，意識や行動にも注意が必要である。

②完全性

完全性とは，情報が意図せずに書き換えられたり（改ざん），破壊されたりしていない正確な状態であることをいう。もし入手先 A から得た情報が本来の情報と違ったら，次に入手先 A から得た情報が正確なのか信じられなくなる。つまり入手先 A からの情報に利用価値がなくなってしまう。こうならないようにするためには完全性が保たれていなければならない。完全性を保つためには，データに**デジタル署名**[*2] を付けたり，情報へのアクセス履歴や変更履歴を残し，いつ，誰が情報を使ったのかが分かるような対策などが必要である。

③可用性

可用性とは，情報がいつでも使える状態にあることをいう。利用したいときに情報が利用できなければ不便である。冒頭の例はここが不足していたことになる。そのためには，24 時間 365 日いつでも情報にアクセスできるようにするシステムが必要となる。また，万が一トラブルが発生した場合でも，影響を最小限に抑え，復旧までの時間が短ければ可用性が高いシステムと言える。可用性を保つためには，一方が故障してももう一方の情報が利用できるように，情報のバックアップをしっかりと取っておくこと，システムの多重化やクラウド化などが必要である。

＊2　**デジタル署名**　暗号化された電子的な署名であり，送信されたデータが確実に本人のものであることを証明するのための技術のこと。

情報セキュリティには上記の CIA に次の 4 つの要素を加えて情報セキュリティの 7 要素とする考え方もある[2]。

- Authenticity　：**真正性**
- Reliability　　：**信頼性**
- Accountability　：**責任追及性**
- Non-repudiation：**否認防止**

④真正性

真正性とは，情報が正しいものであり，それが証明できることをいう。つまり，情報がなりすましによる第三者によって作られたものではなく，確実に本人が作成したものであることを示せなければ，真正性を確保したとは言えない。真正性を示すためには，**二段階認証**や**多要素認証**などで，情報へアクセスしたのが本人であることを明確にしたり，デジタル署名をすることで，確実に本人が作成した情報であることの証明などが必要である。

⑤信頼性

信頼性とは，情報システムを利用する場合に，設計通りの動作が確実に行われるかどうかをいう。情報システムには不具合やバグ，操作ミスなどにより，設計した通りの処理が行われない場合や，意図せずに情報が改ざんされてしまう場合もある。信頼性を高めるためには，設計や構築をするときに不具合がないようにしたり，操作ミスがあっても情報が改ざんされたり破壊されたりしない仕組みにすることなどが必要である。

⑥責任追及性

責任追及性とは，組織や個人が情報に対してどのような操作をしたのかを追跡できることをいう。そのためには，いつ誰がどの情報に対してどのような操作を実行したのかを記録し，残しておくことが必要である。それにより，何か問題が発生した場合に，原因となった脅威は何であったのか，誰のどの操作が原因だったのかを特定することができる。責任を追及できるようにするためには，ログイン履歴を残したり，アクセスログや操作ログを残すことなどが必要である。

⑦否認防止

否認防止とは，情報に対して実施した操作やその結果発生した事象について，あとから否定されないように証明できるようにしておくことをいう。情報の改ざんや不正な利用がされた場合に，操作した本人から「やっていない」と否認されないようにするためには，責任追及性と同様に，ログイン履歴を残したり，アクセスログ

や操作ログを残すことなどが必要である。

　このように，情報セキュリティを確保するには，「情報をしっかりと守る」という観点だけではなく，資産である情報を失ったり改ざんされたりせず，必要なときにいつでも利用できる状態にすることを心掛ける必要がある。また，何か問題が発生した場合に，影響を最小限にしたり，原因が解明できる状態が求められる。これらのことを理解した上で，情報セキュリティ対策を実施することが望まれる。

② 節　暗号資産のセキュリティ

　ビットコインやイーサリアムなど，様々な**暗号資産(仮想通貨)**の名前を聞くことがあるのではないだろうか。暗号資産は，国家や中央銀行によって発行されたお金(法定通貨)ではなく，インターネット上でやり取りすることができる**財産的価値**である。法定資産には必ず発行主体(日本銀行など)が存在し，発行主体が価値の裏付けをしている。一方で暗号資産は，発行主体が存在しないことがあり，価値の裏付けができないため，価値が大きく変動する傾向にある。暗号資産は金融庁・財務局の登録を受けた事業者(暗号資産交換業者)を通じて法定通貨(日本円や米国ドル等)と相互に交換できるなど，その財産的価値は，世界中で認識されている。

1 項　ブロックチェーン

　暗号資産を支えている技術が**ブロックチェーン**である。ブロックチェーンとは，データを「ブロック」というひとかたまりとして扱い，それを鎖(チェーン)のように連結することで，データを保管する仕組みである(図 6-1)。暗号資産の他に**NFT**[3] などにも活用されている技術で，その特徴には次の 4 つが挙げられる。

①データの改ざんが非常に困難であること
②システムダウンが発生しないこと
③取引の記録を消すことができないこと
④自律分散システムであること

＊3　**NFT**　Non-Fungible Token の略で非代替性トークンとも呼ばれる。代替不可能なデジタルデータであり，画像や音声などのデジタルデータが「オリジナル」であることを証明することができる。そのため，デジタル作品に資産的価値が生じるようになった。

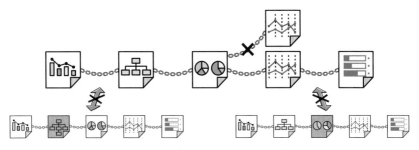

図 6-1　ブロックチェーンのイメージ

　暗号化にはハッシュと呼ばれる技術が使われている。例えば入力したデータ B を「**ハッシュ関数**」(**ハッシュアルゴリズム**)と呼ばれる計算式で変換したとする。これにより，データ B 固有の値(ハッシュ値)が生まれる。このハッシュ値からデータ B を特定することはできない。このハッシュ関数は，いつどこで誰が同じデータ B を変換しても，同じハッシュ値になるという特徴がある。この特徴から，入力データが 1 文字違うだけの改ざんであっても容易に発見することができる。なお，ビットコインでは「SHA256」と呼ばれるハッシュ関数が用いられている。実際にSHA でハッシュ化した例を表 6-1 に示す。表の右のハッシュ値から左の入力データを特定することはできない。SHA256 では，入力データの長さに関わらず，ハッシュ値は一定の長さ(256 ビット)で出力される特徴がある。このように，ハッシュと呼ばれる暗号化技術により，データの改ざんが非常に困難になっている。

表 6-1　SHA256 によるハッシュ化の例

入力データ	ハッシュ値
データサイエンス	a08f288d33273f7a2271ca77f448a1fa4116f58b21a5d7ce408d30e3d0006e2b
データサイエソス	ba76dd828700eb708a8227f3cac3d070e8729a2747ab20fd582215c78a0a3357
DataScience	fedf14bf92d6552d3d40c6e024a48656ab532f6fced849163eb81b1cbaf19ff6
A	559aead08264d5795d3909718cdd05abd49572e84fe55590eef31a88a08fdffd
ハッシュ値は一定の長さ	cf0e270bf4428e425a14840913e3189017a827e75927435ee271076338e21fed

　ブロックチェーンでは，**P2P ネットワーク**[4] という複数のコンピュータが対等な立場で直接通信をして，データや機能を利用し合う方式が取られている。この仕

＊4　**P2P ネットワーク**　複数のコンピュータが対等な立場で直接通信をして，お互いが持っているデータや機能を利用し合う方式のネットワークのこと。

組みでは，ネットワークの中心となるサーバのようなものが無く，参加している全てのコンピュータが全員の取引履歴のコピーを保有している。そのため，一部のコンピュータがシステムダウンしても，その他のコンピュータで処理が続行され，システム全体は動き続けるようになっている。このような仕組みを**自律分散システム**という。このシステムでは，全ての取引履歴を全てのコンピュータで保有しているため，参加している世界中の全てのコンピュータのデータを変更しなければ，取引履歴を改ざんしたり消したりすることにはならない。このことからも不正を行うことは現実的ではないことがわかるのではないだろうか。

　ブロックチェーンでは，複数のコンピュータが同時に処理を実行していくが，コンピュータの故障や故意によって，誤った結果が出力される場合（**ビザンチン障害**）もあり，必ずしも全てのコンピュータが同じ結果を導くとは限らない。このような場合，システム全体としてどの結果が正しい結果であるのかを決めて処理を続行しなければシステムが止まってしまう。これを防ぐために，各コンピュータが処理した結果が正しいかどうかを検証するための仕組みが必要となる。この仕組みを**コンセンサスアルゴリズム（合意形成アルゴリズム）**と呼ぶ。

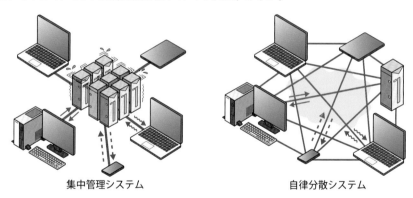

集中管理システム　　　　　　　　　　　　　　自律分散システム

4 項　コンセンサスアルゴリズム

　例えばビットコインでは，PoW（Proof of Work：プルーフ・オブ・ワーク）と呼ばれるコンセンサスアルゴリズムが用いられている。ビットコインは，ある取引が発生したときに，そのデータが他の人に承認されることで，チェーンにつながれる（チェーンの一部になる）。この承認では，信頼性を高めるため，非常に複雑な計算をして値を導き出す作業を必要としており，大量のコンピュータが必要である。この問題を解消するために，最も早く計算した人はその結果を他の人に提示して正

コラム　仮想通貨への投資話には気を付けよう

　暗号資産は，ブロックチェーンの技術による強固なセキュリティの上に成り立っている。そのため，「絶対に安全な資産である（価値が安定している）」などと誤った認識をしてしまう可能性がある。

　例えば，大学の同級生や先輩から「AIを駆使した暗号資産の運用に投資したら儲かった。投資すれば多額の配当が出るが，投資してみないか？」などの誘いを受けたときに，疑うことができるだろうか。「投資する人を紹介すればさらに儲かる」と付け加えられると，心が動きかねない。しかし，このような誘いはねずみ講やマルチ商法である可能性が考えられる。

　セキュリティ技術が進歩しても，「暗号資産は必ず儲かる」などの甘い言葉に対する自分自身の「心のセキュリティ」を強固にしておく必要があることを忘れてはならない。

コラム　ビザンチン将軍問題

　ビザンチン帝国の将軍たちがそれぞれ部隊を率いて，敵が拠点としているひとつの都市を包囲している。各部隊は離れているので，使者を送ることでしか連絡できない状況である。全軍一致で攻撃すれば勝利できるが，一部の部隊だけで攻撃をしたのでは負けてしまう。つまり，攻撃か撤退かを多数決で決め，全将軍が一致して行動しなければならないが，将軍たちの中には裏切り者がいるかもしれず，攻撃の提案を受けると，撤退の提案に変えて別の将軍に伝達する可能性がある。これでは，一部の部隊だけが攻撃をして負けることも考えられる。このような状況において，全体として正しい合意形成ができるかを問う問題をビザンチン将軍問題と呼ぶ。

　ブロックチェーンのような自律分散システムの場合，複数のコンピュータが必ずしも同じ結果になるとは限らない。コンピュータの故障や故意によって，誤った結果が出力される場合があり，これをビザンチン将軍問題になぞらえてビザンチン障害と呼ぶ。この解決策がコンセンサスアルゴリズムなのである。

しいかどうかを判断してもらい，正しいと判断されれば(51%以上の賛同が得られれば)報酬として新規の暗号資産(仮想通貨)を手に入れることができるという仕組みを作った。

このような承認作業のことをマイニング(mining)と呼び，承認作業をする人や組織をマイナー（miner)と呼んでいる。ビットコインなどの暗号資産では，データを改ざんするメリットよりも，報酬を受け取るメリットの方が上回るように設定され，データの改ざんを働こうという考えにならないようにしている。

3節 情報の流出

1項 情報流出の社会的な影響

ニュースなどで「**情報漏えい**」や「**個人情報の流出**」に関する報道を見たことがあるだろう。2022年，上場企業とその子会社における**個人情報**の漏えいや紛失事故を公表したのは150社(事故件数は165件)であり，漏えいした個人情報は592万7,057人分に達している[3]。例えば，決済代行サービスを運営する会社では，2021年から2022年にかけてアプリケーションの脆弱性を突かれ，最大で約46万件のクレジットカードの情報が流出する事案が発生している。個人情報が流出すると，SNSのアカウントが乗っ取られたり，迷惑メールが届いたり，クレジットカードが不正利用されたりするなどの被害が想定される。また，これらの情報が詐欺や架空請求に悪用される恐れがある。一方，企業や組織が個人情報の漏えい事故を起こすと，ブランドイメージの低下だけではなく，取引先の企業や消費者からの信用を失い，株価の下落や，サービスを停止せざるを得ない状況に追い込まれるなど，大きな損失につながる。このように，個人情報が漏えいすると様々な被害があり，企業や組織の被害規模は計り知れないものとなる。

2項 情報の漏えい経路

情報はどのように漏えいするのだろうか。情報の漏えいで最も多い原因は，ウイルス感染・不正アクセスで，全体の約5割を占めている。ウイルスの感染経路は主に3つあり，Eメール，Webページ，ファイル共有ソフト(不特定多数の間でファイルを共有するソフトのこと。P2P型ソフトやアップローダ等)である。

Eメールの場合は，ウイルスが含まれた添付ファイルを開いてしまうことで感染することが多い。WordやExcel，PDF形式のファイルに偽装している場合もあり，

なかなか見分けがつかないことがある。

　Webページの場合は，見ているページ自体やリンク先，広告などにウイルスが仕込まれているため，知らないうちにウイルスをダウンロードしてしまい，気付かないうちに感染してしまうことがある。

　ファイル共有ソフトでは，ウイルスに感染したファイルを知らずにダウンロードしてしまい，そのファイルを実行することで感染してしまう。

1. コンピュータウイルスによる情報流出

　情報を漏えいさせるウイルスにはコンピュータに保存されている様々な情報を収集して外部に送信するものと，コンピュータを遠隔操作で自由に操れるプログラムを仕込むものとの大きく2種類に分けられる。

　ウイルスに感染すると情報の漏えいに代表される情報の抜き取りだけでなく，データの改ざんや消去など様々な不具合が生じてしまう。感染対策としてまず重要なことは，**OS**[*5]やソフトを最新状態にしておくことである。また，ウイルス対策ソフトや統合セキュリティソフトをインストールしておくと良いだろう。これらのソフトは，インターネットに接続されていれば，常に最新の**パターンファイル**[*6]に更新されるが，新種のウイルスには対応できない場合も稀にある。そのため，セキュリティソフトを頼り過ぎず，不審なソフトのインストールをしないことや，知らない人からの添付ファイルは開かないこと，不審なWebページへのアクセスを避けることなど，自らの行動でウイルスへの対策をすることが大切である。

2. 人間のミスによる情報流出

　情報が漏えいする原因には，メールの宛先を間違えたり，不必要なファイルを添付してしまうなどの**ヒューマンエラー**（人間による間違い）による誤送信も挙げられる。急いでいるときや疲れているときなどに発生しやすいので，送信ボタンを押す前にもう一度確認するなどの対策が必要である。

　ヒューマンエラーには，情報が入ったパソコンやUSBメモリなどを紛失したり，盗難にあったりして漏えいする場合もある。実際に会社での仕事を在宅勤務のため

＊5　**OS**　Operating System（オペレーティングシステム）の略。パソコンなどの基本ソフトのこと。WindowsやmacOS，Android，iOSなど。
＊6　**パターンファイル**　ウイルス対策ソフトが，コンピュータウイルスを検出するために用いる情報を含んだファイルのこと。続々と新しいコンピュータウイルスが登場するため，日々更新されている。

に自宅へ持ち帰る途中に，お酒を飲んだり，電車の網棚にカバンを乗せてしまうことで紛失や盗難が発生するケースがあった。これらの行為はリスクが非常に高いので，十分に注意する必要がある。

　このようなことを防ぐ方法として，在宅勤務をするときは自宅から会社のパソコンにリモート接続をするなど，少しでも紛失や盗難のリスクを減らす行動を取ることも大切である。

　意外かもしれないが，会話から情報が漏えいすることもある。カフェで電話をしている人から電話番号が聞こえてきた経験はないだろうか。また，過去には飲み会の場で会社の機密情報を大声で話してしまい，隣にいたライバル会社の社員に情報が漏えいするなどのケースもあった。

　このように，思わぬところからも情報が漏れることがあるので，日頃から情報の取り扱いには十分に注意するように心掛けてほしい。

来月のA社への
プレゼン。
提案はやっぱり
単価1,000円が
ギリですね…。

B社もさすがに
1,000円では
できないですよ。

900円…
やるか！

3 項　匿名加工情報

　1項で説明したように，個人情報が漏えいすると様々な被害が発生することになる。企業や組織が被る被害は計り知れない。しかし，企業等が正しい手段で収集した個人情報を含む多くのデータ（ビッグデータ）を活用することで，様々な問題を解決したり，サービスの価値を高めたりすることができる。

　特定の個人が識別できないように個人情報を加工することが法令で定められている。この法令に基づき適切に加工された情報を**匿名加工情報**という。匿名加工情報を用いることで新たなサービスやイノベーションが生み出されたり，生活の利便性の向上につながる活用がされたりしている。匿名加工情報は，一定のルールに従えば本人の同意を得ることなく活用したり，第三者に提供したりすることができる。

コラム 恐ろしいファイル偽装

Windows の場合は，拡張子を表示するように設定すると，注意すれば二重拡張子のファイルやファイル名に空白文字を多数入れる偽装方法は判別できるようになる。しかし，**RLO** という文字の流れを右から左に変更する制御文字を使ったファイル偽装もあるため注意が必要である。RLO は本来，アラビア語などの右から左に書かれる言語を表示するためにある仕組みだが，この RLO を使うことで，「DataScienc**gpj.exe**」を「DataScienc**exe.jpg**」に偽装できてしまう。

名前 ︿	更新日時	種類
■ DataScienc**exe.jpg**	2022/10/29 13:35	**アプリケーション**

ファイルの種類を見ると「アプリケーション」であることが分かるが，メールへの添付ファイルの状態では見破ることが難しいため，これを防ぐためにも，先に記したように信頼できる相手から送られてきたメール以外の添付ファイルは開封しないようにするという自衛が必要である。

拡張子偽装された添付ファイルを気付かず開こうとしたときに，ウイルス対策ソフトが危険なファイルであることを検知したことにより救われることもある。このように，万が一のときの保険としてもウイルス対策ソフトを導入しておくことは大切である。

参考文献

[1] 総務省「安心してインターネットを使うために 国民のためのサイバーセキュリティサイト」https://www.soumu.go.jp/main_sosiki/cybersecurity/kokumin/business/business_executive_02.html（2023 年 6 月閲覧）
[2] JIS Q 27002 (ISO/IEC 27002)
[3] 東京商工リサーチ 「個人情報漏えい・紛失事故 2 年連続最多を更新 件数は 165 件、流出・紛失情報は 592 万人分〜 2022 年「上場企業の個人情報漏えい・紛失事故」調査〜」(2023 年) https://www.tsr-net.co.jp/data/detail/1197322_1527.html（2023 年 6 月閲覧）

第 7 章

データの種類とその活用

「データ」という言葉は私たちの身近にあふれているため，なんとなくイメージできてしまっているかもしれない。しかし，ひとくちにデータといっても実は千差万別で奥が深い。

この章では，データを性質で分類し，それぞれの特徴について見ていこう。また，具体的なデータの活用事例や，データの収集方法も確認しよう。

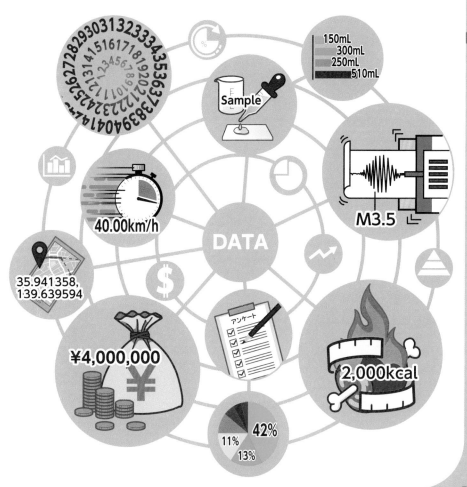

1節 データの種類

　私たちの生活の中には，様々なデータが身近に存在している。例えば，「先生の血液型は A 型」，「英語の試験が 65 点」，「道路の渋滞が 20km」などそうである。そして，私たちはデータを活用して生活している。例えば，「天気予報によると今日は最高気温が 30℃になるから，半袖の服を着て行こう」，「水曜日はポイントが 5 倍付くから，水曜日にまとめて買い物しよう」，「○○先生の授業は不可になる人が毎年たくさんいるから，真剣に取り組もう」などという行動もデータの活用である。

　このように，私たちは調査データや実験データ，人の行動ログデータなど，様々なデータを取り扱い，分析して活用するが，データの性質によってデータの扱い方が変わる。分析するための手法やグラフにするための手法も，データをどう使いたいかで異なってくる。そのため，データは集めるだけでなく，どのような特徴があるのか知っておくことも大切である。ここでは，データの性質について紹介する。

1 項　質的データと量的データ

　データの性質は，**質的データ**(質的変数)と**量的データ**(量的変数)に大別される。質的データは，名前，血液型，背番号などといった種類などの方法で区別した**名義尺度**と，学年，順位など，数字の順序に意味がある区別をした**順序尺度**とに分けられる。一方，量的データは，測定できるデータのことで，温度(℃/℉)，西暦，和暦などといった間隔や差そのものに意味がある**間隔尺度**と，身長，体重，速度などの間隔だけでなく比率にも意味がある**比例尺度**とに分けられる(表 7-1)。これらを**尺度水準**という。

　尺度は，名義＜順序＜間隔＜比例　の順に，データの持っている情報量が多くなる(「水準が高くなる」という)。

表 7-1　尺度水準

質的データ	名義尺度	種類や分類などを区別	例：氏名，血液型，好きな科目，背番号
	順序尺度	数字の順序に意味がある	例：学年，順位
量的データ	間隔尺度	間隔や差に意味がある（0 はその尺度の基準点である）	例：温度，西暦，和暦
	比例尺度	間隔にも比率にも意味がある（0 という値は「無」の意味）	例：身長，体重，速度

水準
低

高

名義尺度（ゼッケン）	203 番	110 番	312 番	152 番
順序尺度（順　位）	1 位	2 位	3 位	4 位
間隔尺度（体　温）	36.3℃	36.6℃	36.5℃	36.7℃
比例尺度（タイム）	6 秒 95	7 秒 11	7 秒 89	13 秒 90

図 7-1　尺度水準の例

1. 質的データ

　例えば 50m 走について考える。A 君のゼッケンは 203 番，B 君は 110 番，C 君は 312 番，D 君は 152 番だとしよう。この数値は誰が走るのかを区別するための数字という意味しか持たない。このように，単に種類や分類などを区別するためのデータを名義尺度という。

　次に 50m 走の順位について考える。例えば，A 君が 1 位，B 君が 2 位，C 君が 3 位，D 君が 4 位であったとする。図 7-1 に示すような着順だとしたとき，1 位と 2 位，2 位と 3 位のタイムの間隔が同じではないことが分かるだろう。また，B 君と D 君は 2 位と 4 位なので(数字上では) 2 倍上位の順位であるといえるが，2 倍優れているとは言えない。このように順位を比較することはできるが，その間隔や比率には意味が無い。つまり，数字の順序にこそ意味のあるデータが順序尺度である。

2. 量的データ

　例えば気温について考える。気温が 10℃ から 20℃ になったとき「10℃上がった」ということはあるが，「2 倍になった」とは言わない。このように，間隔や差に意味のあるデータが間隔尺度である。

　もう一度図 7-1 に示した 50m 走について考える。例えばタイムが 13 秒 90 の D 君は 6 秒 95 の A 君より走りきるのに「2 倍の時間がかかった」と言える。このように，間隔だけではなくデータ同士の比を考えることができるデータを比例尺度という。比例尺度と間隔尺度はその違いが分かりにくいが，0 という値に「無」という意味があるかどうかで見分けることができる。タイムで考えてみると，0 秒は全く時間が経っていない(経過時間が無い)状態を示している。一方で気温を考えてみ

ると，0℃であったとしても，熱が「無い」わけではない。このように0の意味が「基準点」か「無」かで考えると分かりやすい。

2 項　フローデータとストックデータ

データの性質を分類するもうひとつの方法として，ある一定の期間に発生した変化を表すデータ(**フローデータ**)と，ある時点の現状を表すデータ(**ストックデータ**)という分類もある。

例えばダムの水量データについて考える。図7-2に示すようにダムAでは上流の川から常に水が入ってくると同時に，下流の川に水を放流している。ダムAに入ってくる水の量(全流入量)や，ダムAから川に放流している水の量(全放流量)は，1秒間に○立方メートル(m^3/s)というように表される。このように一定期間の変化量を表すデータがフローデータである。また，○月○日○時○分○秒時点におけるダムAの貯水量は，○ m^3のように表される。このようにある時点の現状を表すデータがストックデータである。

図7-2　ダムを例にしたフローデータとストックデータ

3 項　データセット

体重の変化を比べたい，商品の満足度を高めたい，お店の販売数と天気との間に関係がありそうなど，様々な目的でデータを収集することがある。これらはそれぞれ異なるデータを分析する必要があるが，前提としてどのような目的で，どのような対象に，どのようなデータを収集するのかによって，分析できる内容が変わってくることを覚えておきたい。分析するときも，データが目的や対象に合うような一定の形式に整えられていると分析しやすい。このような整えられたデータを**データセット**という。代表的なデータセットとして，ひとつの項目について時間にそって収集した時系列データ，ある時点における複数の項目を集めた横断面データ(クロスセクションデータ)，特定の対象を経過時間にそって集計したコーホートデータ，同一の標本(→9章)において複数の項目を継続的に調査したパネルデータがある。

2節 **データの活用事例**

　家族や友達と自動車で出かけるとき，ラジオから流れる交通情報や，図 7-3 のような道路情報表示板の表示を気にしたことはあるだろうか。特に渋滞は，目的地の到着時刻に大きく影響するため，詳しい情報を知っておきたいのではないだろうか。渋滞の状況が分かればその区間に入る前にサービスエリアやパーキングエリアに寄ってリフレッシュしておくなど，様々な判断をする材料となる。大型連休の期間には，数十キロの渋滞が発生することもあり，迂回の判断をすることもあるだろう。このように渋滞情報は役立つが，そもそも渋滞が発生しているという状況やその長さはどのように把握しているのだろうか。

図 7-3　道路情報表示板の渋滞表示

基礎　データリテラシー

　一般的に渋滞とは，一定区間の平均速度が，一般道路の場合は時速 10km 以下，高速道路の場合は時速 40km 以下で走行している状態を示している(道路管理者によってその定義には多少の違いがある)。

　ラジオの交通情報や道路情報表示板の渋滞情報は，道路の様々な場所に設置されたトラフィックカウンターと呼ばれるセンサからデータを得ている。トラフィックカウンターからは，通行している自動車の数や小型車・大型車の判別，自動車の速度などが分かり，これによって渋滞しているか判定する仕組みになっている。

　一方で，プローブ交通情報と呼ばれるものもある。プローブ交通情報とは，実際に走行中の自動車から得られる走行位置や速度などのデータを直接得て作成した情報である。プローブ交通情報では，走行している自動車からデータを収集するため，場所にとらわれず主要道路ではない道路においても情報の提供が可能となる。

　Google マップに表示される交通状況(図 7-4)でもプローブ交通情報が用いられている。Google マップをインストールしているスマートフォンから GPS データを匿名情報として取得し(アプリの設定で位置情報を送信しないこともできる)，近隣の複数のスマートフォンから得られる移動速度などのデータを総合して交通状況を

判断していると言われている。

図 7-4　Google マップが提供している交通状況の一例

　プローブ交通情報は，道路の様々な場所に設置されたトラフィックカウンターよりも大量のデータを得やすいため，きめ細かなサービスを提供するためには必要不可欠なものである。このデータをもとに作成された渋滞情報を活用して，宅配サービスや配車サービスが運用されたりしている。また，Google マップを活用した自動運転車が登場するなど，プローブ交通情報は現実世界に大きな影響を与えている。しかし，作為的に仮想の渋滞を発生させることができる可能性もあり，データから得られる情報が現実とかけ離れている場合もあるということを意識しておく必要があるだろう。

コラム Google Maps Hacks

　2020 年には，プローブ交通情報を逆手にとった実験的なパフォーマンスが行われた。ドイツのベルリンを拠点に活動するアーティストのサイモン・ウェッカートは，「Google Maps Hacks」と題した作品[1]として，位置情報の提供をオンにした 99 台のスマートフォンを小さなカートに積み込んだ。そして，カートを引いて人通りの少ない道をゆっくりと歩きまわった。そうすると，Google マップの交通状況では，ウェッカートが歩いた道が渋滞を示す赤色の表示となった。このように，ウェッカートはプローブ交通情報の特徴を利用して，作為的に仮想の渋滞を発生させることが可能であることを示した。そして，架空の渋滞情報を見た自動車の運転者がそのエリアを避けることから，意図的に交通量の少ないエリアを作り出すことができることも示した。なお，Google 社は「自動車でもカートでもラクダでも，Google マップをクリエイティブに活用されることは嬉しい。マップの改善に役立つので感謝している」とコメントを出している。

　ウェッカートが，プローブ交通情報を意図的に作り出し，作為的に仮想の渋滞を発生させたように，データを作為的に作り，現実世界に影響を与えるようなことは，他にどのようなことが考えられるだろうか？

3節　データの活用方法

1項　オープンデータの活用

　様々な場面でデータを集める機会がある。しかし，個人でデータを取得するのは大変な作業である。例えばアンケート調査をするとしても，同級生や友人，家族に依頼することは比較的簡単であるが，その範囲を超えたデータを取得することは難しい。さらに，企業であっても調査が難しい人口や景気動向指数，土地活用などといったデータが必要となる場合もある。

　特定の調査をする目的で新規に集めたデータを**1次データ**と呼び，他の目的のために既に集められていたデータを**2次データ**と呼ぶ。

　誰もが簡単に2次データを利用できるように，国や地方公共団体，民間事業者などが保有しているデータを公開することを**データのオープン化**といい，少しずつだが進められている。**オープンデータ**は，以下を全て満たすものと定義されている。

- 営利目的，非営利目的を問わず二次利用可能なルールが適用されたもの
- 機械判読に適したもの
- 無償で利用できるもの

　オープンデータではない一般的に公表されているデータ（表やグラフ，数値，データセット等）には著作権がある。そのため，引用することはできるが，加工・編集・再配布などの二次利用をすることはできない。しかし，オープンデータは二次利用が可能であるため，様々なオープンデータ同士を組み合わせるなど，必要なデータを自由に活用できるというメリットがある。

　例えば，各府省が公表する統計データをひとつにまとめた政府統計のポータルサイト「e-Stat[1]」では，国勢調査や雇用動向調査，民間給与実態調査など，各府省

＊1　**e-Stat**　政府統計の総合窓口　https://www.e-stat.go.jp（2023年6月閲覧）

が公表する統計データがひとつにまとまっている。米国政府が公開するオープンデータサイト「data.gov」では，気候やエネルギー，食物生産など様々なデータを公開している。

　1次データなどの具体的なデータに，これらのオープンデータなどを利用して関連する必要な情報を加えていき，より一般的に利用できるデータへと変化させていくことを**データのメタ化**という。データをメタ化することにより，他の分野でも応用できるようになる。これにより，実際に企業が事業戦略やマーケティングについて検討したり，新たなサービスを生み出したりすることに役立てている。例えば，自治体が公開している避難所一覧のオープンデータを活用し，地図情報アプリに最寄りの避難所を表示したり，ナビゲーションで誘導したりできるサービスなどがある。また，バスの走行位置を提供しているオープンデータを活用し，複数の事業者のバスの走行位置を地図上で一覧できるアプリなども開発されている。このように，オープンデータを活用することで，新たなサービスが次々と生み出されていることに注目したい。

> **コラム　構造化データと非構造化データ**
>
> 　**e-Stat** ではデータを CSV 形式または XLSX 形式（Excel 形式）でダウンロードすることができる。CSV 形式や XLSX 形式のような構造が明確に定義されているデータを**構造化データ**と呼ぶ。一方で構造化データ以外のデータを**非構造化データ**と呼ぶ。文書データ，画像データ，動画データなどが非構造化データに該当する。

2 項　データを解釈する際の注意点

　統計データを解釈するときは，打ち切りや脱落により数値に現れていない部分があることに注意が必要である。例えば，サッカー選手の平均年収が 3200 万円というデータがあった場合，プロになったら多くの収入が得られると単純に解釈してしまうが，実際は主要なリーグに加盟しているチームに入れない人が多く存在しており，その人たちのデータは反映されない(打ち切られてしまっている)。そのような背景を知った上でデータを解釈する必要がある。

　また，自然現象や物理現象を実験などで観測した場合にも，観測データに測定誤差が生じる。このような観測データの平均値は何回も観測を繰り返すことで，期待値に近づく。この値を統計処理することでデータの特性を捉えることができる。

参考文献
[1] Simon Weckert「Google Maps Hacks」
　　https://www.simonweckert.com/googlemapshacks.html（2023 年 6 月閲覧）

第 **8** 章

データリテラシー

　私たちは多種多様なデータに出会い，その度にデータを解釈して生活している。しかし，受け取ったデータの傾向や特徴から得られる情報を正しく解釈できているのだろうか。実態とは異なった解釈をしてしまい，予想外の結果になってしまったことが一度はあるのではないだろうか。

　この章ではデータを正しく読み取る方法を見ていこう。

1節 平均とは ～平均点は全体の特徴を表しているか～

学校でテストが返却された際に，**平均**点が気になった経験はないだろうか。もしかしたら，テストの平均点を聞いて一喜一憂したこともあったかもしれない。例えばテストで，あなたの点数が平均点以下だったとき，どう感じただろうか。

あるテストで，A さんの点数が 46 点，クラスの平均点が 55.3 点だったとする。A さんは，クラスの平均点よりも低い点数だったため落ち込んでいる。先生は，クラスの点数の分布状況を表した紙を張り出し(図 8-1)，自分の位置を確認するように言った。

図 8-1 には**度数分布表**と度数分布表をグラフにした**ヒストグラム**(→ 9 章)が書かれている。度数分布表とは，データをいくつかの区間に区切って，その区間に含まれるデータの個数を数えたものである。ここでは点数を 10 点ずつに区切っている。つまり，それぞれの区間(階級)にどれくらいのデータが集まっているのかが分かる表である。

平均点付近の点数の人は多いのではないかと考えがちだが，データが中央に集まっていない(2 極化している)場合がある。図 8-1 を見ると，平均点を含む区間(50 点以上 60 点未満)の人数は少ないことがわかる。なぜ人数の多い区間と平均点を含む区間が一致しないのかを考えてみよう。

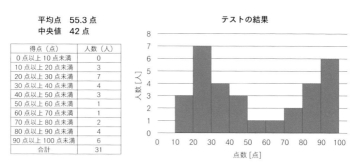

| 平均点 | 55.3 点 |
| 中央値 | 42 点 |

得点（点）	人数（人）
0 点以上 10 点未満	0
10 点以上 20 点未満	3
20 点以上 30 点未満	7
30 点以上 40 点未満	4
40 点以上 50 点未満	3
50 点以上 60 点未満	1
60 点以上 70 点未満	1
70 点以上 80 点未満	2
80 点以上 90 点未満	4
90 点以上 100 点未満	6
合計	31

図 8-1　先生が張り出した紙（度数分布表とヒストグラム）

全ての値(今回は点数)を小さな値から順に並べて(昇順)，ちょうど真ん中にきた値を**中央値**という[1]。このクラスは 31 人であるため，ちょうど真ん中となる 16 番目の人の点が中央値である。今回は中央値が 42 点だったとしよう。A さんの点

....

[1] 値の個数が偶数の場合は，中央にある 2 つの値を足して 2 で割った値を中央値とする。

数 46 点は，平均点以下であるが，中央値よりも高いためクラスの順位では上位に入るということがわかる。このように，平均点で見るか中央値で見るかによって，同じ 46 点という点数でも捉え方が大きく変わる。

　データ全体で最も多くデータが集まっている区間の中央値（**階級値**）を**最頻値**という。図 8-1 のように度数分布表やヒストグラムだけが分かっていて個別の点数が分からない場合は，最も度数の多い区間の階級値を最頻値とする。図 8-1 の場合，20点以上 30 点未満の階級値である 25 点が最頻値である。

　平均値の他にも，中央値や最頻値を見ることで，データの特徴がより分かりやすくなったのではないだろうか。データの特徴を**代表値**と呼ばれる値で表すことがある。平均値，中央値，最頻値などがこれにあたる。これらをうまく活用することで，平均点だけでは見えてこないデータの実態を正しく知ることができる。

②節 偏差値とは　〜偏差値 60 はどれぐらいすごいか〜

　大学選びの際に，**偏差値**を気にしていた人は多いのではないだろうか。偏差値とは，平均値を偏差値 50 とし，そこからどのくらい離れているかを表した数値である。大学の偏差値を見ることで，その大学は全国平均でどのレベルの大学なのかが一目でわかるという利点がある。また，自分の偏差値を見ることで，受験生全体の中で自分がどのくらいの学力なのかを知ることができる。

　例えば，A さんの国語の点数が 76 点，英語の点数が 50 点だったとする。点数を比較すると，国語の方が点数が高いため成績が良かったように感じるだろう。しかし，それぞれの偏差値を求めると，国語の偏差値が 49.6，英語の偏差値が 64.3であったとしたらどうだろうか（図 8-2，図 8-3）。

平均点	76.4
分散	105.2
標準偏差	10.3
A さんの点数	76
A さんの偏差値	49.6

図 8-2　クラスの国語の結果とヒストグラム

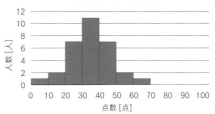

平均点	35.7
分散	100.1
標準偏差	10.0
Aさんの点数	50
Aさんの偏差値	64.3

図 8-3　クラスの英語の結果とヒストグラム

　国語の偏差値は 49.6 のため，全体の真ん中あたりと言える。一方，英語の偏差値は 64.3 であり，全体の中でも上位の成績だったと言える。このことから，テストの点数の高さと実際の成績の良さとは必ずしも一致しないということが分かる。また，偏差値にはほかにも利点がある。偏差値という同じ尺度で見ることができるため，英語の方が国語よりも良い成績が取れているというように，別の科目同士で比較することができるようになる。

　図 8-2 と図 8-3 のようにヒストグラムにしてみるとクラスの国語と英語の点数の分布が分かりやすいのではないだろうか。国語では 70 点台を中心にデータが集まっている一方で，英語では 30 点台を中心にデータが集まっている。このことから，英語のテストが難しかった(もしくはクラスの英語の能力が低い)ことが言える。

1 項　散らばりを表す値

　同じ 100 点満点のテスト結果であっても，図 8-1 と図 8-2，図 8-3 ではデータの散らばり具合が異なっている。例えば図 8-1 では，10 点台〜 90 点台まで広く分布しているのに対して，図 8-2 では 50 点台〜 90 点台と狭い範囲で分布している。このような散らばり具合を数値で表すことを考えてみよう。

1. 偏差

　それぞれの値が平均からどれぐらい離れているかを表したものを**偏差**という。調べたい値(仮に x とする)と平均値との差(x −平均点)で表し，偏差の絶対値が大きいほど平均値から離れていることになる。例えば国語の平均点が 76.4 点で，A さんは平均点を下回る 76 点だとすると，偏差は 76 − 76.4 ＝ − 0.4 であり，平均値から 0.4 離れている。

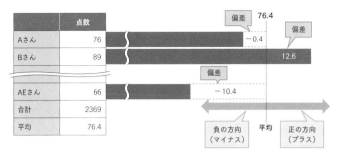

図 8-4　偏差のイメージ

❓ 考えて み よ う

　10 点満点で採点する 5 人のプレゼンテーションの点数が，6 点，9 点，8 点，7 点，5 点だった。平均点，5 人それぞれの偏差，5 人の偏差の合計を手計算で求めてみよう。

2. 分散

　偏差を使うことでデータの特徴のひとつである散らばり具合を表せるだろうか。図 8-4 を見ると，個々の偏差は平均値から見て正の方向（プラス）と負の方向（マイナス）に離れている。

　偏差には，それぞれの偏差の値を全て足すと，正の値と負の値で打ち消し合って必ず 0 になる特徴があるため，データ全体がどのくらい散らばっているのかを表す指標としては使えない。そこで，散らばり具合を表す別の値を考える。数学ではマイナスを 2 回掛ける（二乗する）と正の値になることを学んできたと思う。このことを利用してそれぞれの偏差を二乗した値を合計し，その合計値をデータの個数（ここではクラスの人数）で割った値（偏差の二乗の平均値）を指標とする。これが**分散**である。

✎ コラム　二乗と平方根
　同じ値を 2 回掛けることを二乗という。例えば 3 の二乗（3^2）は $3 \times 3 = 9$ である。また，-3 の二乗は負の数（マイナスの数）を二乗すると正の数（プラスの数）になるため，$(-3) \times (-3) = 9$ である。二乗することを平方ともいう。ある数の平方根とは二乗するとその「ある数」になる数である。例えば 9 の正の平方根は $\sqrt{9}$ と書く。このとき，二乗して 9 になる値は，3 と -3 の 2 つである。

3. 標準偏差

　分散は，偏差を二乗した値の平均であるため，どのくらい散らばっているのか分かりにくい[*2]。そこで，もとのデータと単位を揃える(二乗をやめる)ため，分散の平方根を求める。この計算で導かれる値を**標準偏差**という。標準偏差はデータの散らばり具合を要約した指標として使われる。標準偏差が大きくなるほど，データが散らばっていることになる。反対に，標準偏差が0に近いほどデータは散らばっておらず，平均付近に集まっている。標準偏差0は全くデータが散らばっておらず，全てのデータが同じ値である。

	点数	偏差	偏差の二乗
Aさん	6	-1	1 (-1 × -1)
Bさん	9	2	4 (2 × 2)
Cさん	8	1	1 (1 × 1)
Dさん	7	0	0 (0 × 0)
Eさん	5	-2	4 (-2 × -2)
合計	35	0	10
平均	7	0	2	←分散

$\sqrt{2} = 1.4142\ldots$ …標準偏差

図8-5　偏差と分散と標準偏差の関係

　標準偏差は万能ではない。例えば，100点満点のテストと50点満点のテストとで，標準偏差が同じ10.0だったとしよう。このとき「10.0」の数値は同じだが，100点満点のテストで10点取るのと，50点満点のテストで10点取るのとでは大変さが違うため，値の散らばり方も異なる。このように規模や単位が異なるデータ同士を比較する際には，**変動係数**(標準偏差÷平均)と呼ばれる値が用いられる。

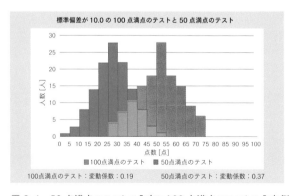

図8-6　50点満点のテストの分布と100点満点のテストの分布例

[*2]　テストの点数なので，あえて書くと，平均や偏差は「○点」となるのに対して，分散は「○点²」となる。点と点²は異なる単位のため単純に比較できない。

2 項　正規分布の特徴

　Aさんの英語の偏差値 64.3 はどのくらい高い英語力だと言えるのだろうか。もし英語力の分布が**正規分布**と呼ばれる形になるのであれば，平均値と標準偏差だけで分布を表せる。また，使える統計的手法も多くて分析がしやすい。

　図 8-7 は正規分布の例である。正規分布ではデータは平均値を中心に左右対称の釣鐘型(つりがねがた)の曲線を描くように分布しており，平均値，中央値，最頻値が同じ値となる。平均値と標準偏差の大きさによって分布を示す釣鐘型の形が変わる。標準偏差が大きいほど，分布の裾(幅)が広くなる。

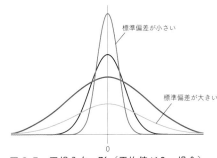

図 8-7　正規分布の形（平均値が 0 の場合）

　正規分布では，例えば A さんの点数が平均値からどのくらい離れているかが分かれば，その点数が全体のうちのどのあたりの順位になるのかが数学的に明らかになっているため，A さんのおおよその英語力を知ることができる。ある値と平均値との差が，標準偏差の値と同じ範囲（平均値 ± 標準偏差）にはデータ全体の約68.3% が含まれており，その差が標準偏差の 2 倍の範囲（平均値 ± 標準偏差 × 2)には約 95.5% が含まれている。

　人の学力や能力は正規分布に近い散らばり方をする（正規分布に従う）と仮定することが多く，平均点を偏差値 50 に，その標準偏差が 10 になるように整えて扱う。こうすることで，受験者個人が上位何%あるいは下位何%に入るかを推測できる。図 8-8 に示すように，偏差値 50 から標準偏差 1 つ分離れた偏差値 60 は全体の上位約 15.9% に位置するため，A さんの英語力は上位約 15.9% であることが分かる。

　他にも，自然現象や社会現象の様々なデータは正規分布に従うことが多い。例えば身長や体重，歩行速度などの個体差，工業製品の生産現場における計測や品質の誤差などがある。

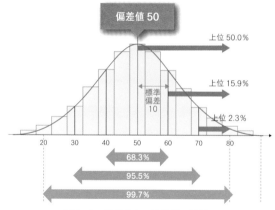

図 8-8　正規分布と偏差値の関係

　1節で解説した平均値や中央値，最頻値などの代表値，2節で紹介した分散や標準偏差，正規分布などを使って，データを様々な角度から見てみよう。これまで気付かなかったことが発見できるだろう。

3節　表計算ソフトを用いた集計方法　～パソコンを使って集計しよう～

　表 8-1 は，あるクラスの出席番号と試験結果（点数）を示したものである。この表から平均点，最高点や最低点などの細かな状況を一目で把握することは難しい。このクラスの状況を知るためのデータの集計方法や簡単な解析方法などを見ていこう。

　データの集計や解析を行うためには様々な方法がある。そのうちのひとつに表形式のデータで集計や解析などを行うことができる Excel や Google スプレッドシート，LibreOffice Calc などの表計算ソフト（スプレッドシート）がある。表計算ソフトには**関数**という便利な機能がある。関数を活用して指示を与えれば，コンピュータが指示にそって計算し，計算結果が表示される。

　例えば，Excel で平均点を求めるには，**AVERAGE 関数**を使う。表 8-1 に示す試験結果の平均点は，「=AVERAGE（B2:B32）」という数式で計算できる。ほかにもデータ解析でよく使う関数として，データの中で最も大きい値である**最大値**を求める **MAX 関数**と，データの中で最も小さい値である**最小値**を求める **MIN 関数**がある。何千人，何万人のデータを扱う場合，最大値や最小値を確認するのは難しいが，これらの関数を使用することで簡単に求めることができる。

　中央値を求める **MEDIAN 関数**もデータ解析ではよく使う関数である。また，

データの散らばりを求める標準偏差（**STDIVP 関数 /
STDEV.P 関数**）などを求める関数を使用することもある。
　このように，表計算ソフトを利用することで，データ
の集計や解析を簡単に行うことができる。

表 8-1　クラスの試験結果
と表計算での表示

	A	B
1	出席番号	試験結果
2	1	60
3	2	46
4	3	62
5	4	30
6	5	91
7	6	75
8	7	30
9	8	35
10	9	38
11	10	39
12	11	39
13	12	42
14	13	41
15	14	23
16	15	26
17	16	20
18	17	19
19	18	27
20	19	28
21	20	99
22	21	98
23	22	100
24	23	93
25	24	92
26	25	22
27	26	90
28	27	88
29	28	82
30	29	77
31	30	89
32	31	18

基礎 ── データリテラシー

❓考えて み よ う

　クラス全員の数学の試験結果が，70, 23, 54, 32, 65, 44, 51, 92, 16, 58, 72, 65, 48,
50, 28, 38, 42, 58, 80 だった場合，表計算ソフトを用いて，平均点（平均値），最高点（最
大値），最低点（最小値），中央値，標準偏差をそれぞれ求めてみよう。

第 **9** 章

データの収集と視覚化

　グラフを用いると，データを数値で表すよりも，より直感的にその傾向や特徴を知ることができる。グラフには種類があり，何を表したいか，その目的によって用いるグラフが異なる。また，グラフを正しく作る方法を学ぶとデータを正しく集める方法も見えてくる。

　この章では，見る人に誤解を与えない正しいグラフを作れるように，また，実態と異なる読み取り方をしないように，グラフの性質を見ていこう。また，データの収集方法についても見ていこう。

1節 グラフの種類

　代表値がデータの特徴を表した値であることに対して，グラフはデータの特徴を可視化する手法と言える。第三者にデータについて説明するときには，グラフを用いることで伝えたいことを直感的かつ効率的に伝えることができる。グラフにはいくつか種類があり，それぞれに特徴があるため，グラフを作る前に何を表現したいのかを考えて，適切なグラフを選ぼう。データをグラフ化することを**チャート化**ともいう。

1 項　棒グラフと折れ線グラフ 〜数値の比較・変化を知りたい〜

　棒グラフは，棒の長さで数値の大きさを表すグラフである。項目同士のデータの大小を比較したり，データの推移を見るときに用いられることが多い。縦向きの棒グラフでは，一般的に横軸に比較したい項目，縦軸に各項目の数値を表す。

　折れ線グラフは，線の傾き具合で数値の変化を表すグラフである。データの時間による変化を見るときやデータの動きを把握したいときに用いられることが多い。横軸には時系列をとることが多く，縦軸はその時点の数値を表している。

　2つのグラフを組み合わせて1つのグラフ上で表すようにしたものを**複合グラフ**という（図9-1）。縦軸は左右で別のものを2つ設けるため，**2軸グラフ**とも呼ばれる。このとき，左側を**主軸**，右側を**第2軸**という。降水量と平均気温の推移のように，同じ期間に別の値の変化を見たいときなどに利用される。

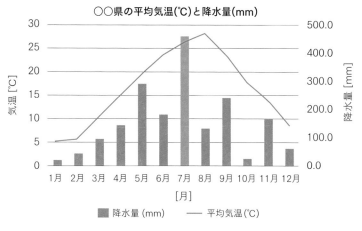

図 9-1　棒グラフと折れ線グラフの複合グラフ

2 項　円グラフと帯グラフ 〜全体のどれぐらいを占めているのか〜

　円グラフは，円の面積を100%としたときに各項目を扇形で分割し，それぞれがどれぐらいの割合を占めているのかを表したグラフである。基本的に比率が大きい項目の順番や，並び順に意味があるものなどは頂点(12時の位置)から時計回りの順番に並べる。比率が小さいものはまとめて「その他」とすると分かりやすい。複数の項目の割合がどう変化したのかを見たい場合には，円グラフの代わりに**帯グラフ**で表して並べることで見やすくなる。

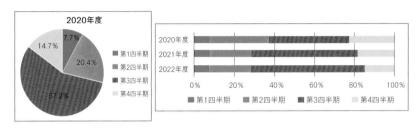

図 9-2　円グラフと帯グラフ

3 項　ヒストグラム 〜どの区間が多いのか〜

　ヒストグラムは，度数分布表をグラフにしたものである。棒グラフとは違って，棒と棒との間に隙間がないのが特徴である。縦軸が**度数**(データの個数)，横軸が**階級**(データの区間)で，棒の中央にある数値は，**階級値**(階級の中央値)である。度数分布表を横に倒したものと考えると分かりやすい(図 9-3)。階級の幅によって棒の幅が変わり，それにともないグラフの形が大きく変わるため，ヒストグラムを作成する際には，データの分布状況が分かりやすくなるように階級を設定するとよい。

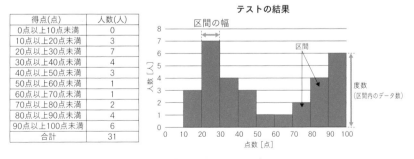

図 9-3　度数分布表とヒストグラム

4 項　箱ひげ図〜データの散らばり具合を比較したい〜

　箱ひげ図は，箱（長方形）とひげ（線）で構成され，データの散らばりを表したグラフである。ひげの先端がそれぞれ最大値と最小値を表すため，最大値と最小値の差が大きいと細長い形になる。

　データを大きさ順に並べて4等分した位置にある**四分位数**と呼ばれる3つの数値を箱で表している（小さい方から25％（**第1四分位**）・50％（**第2四分位**）・75％（**第3四分位**））。第2四分位はデータ全体の中央(50％)に位置しており，中央値でもある。平均値を"△"などで表すことで，平均値と中央値がどれぐらい離れているのかを表すことができる。第1四分位数から第3四分位数までの範囲を**四分位範囲**といい，データ全体の50％のデータが入っている。（図9-4）。

　比較したいデータが複数ある場合は，箱ひげ図をそれぞれ並べることで簡単に比較しやすくなる。箱ひげ図の向きは，横でも縦でも表せるため，見やすい方を選ぶ。

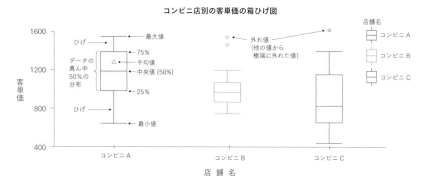

図 9-4　箱ひげ図

5 項　その他のグラフ

1. レーダーチャート

　レーダーチャートは，ひとつの対象物の特徴を把握するためのグラフである。グラフ上に表した各項目の点を線でつなげてできる。多角形の面積が大きいほど評価が高く，多角形の形が良いほどバランスが良い。

図 9-5　レーダーチャート

2. ヒートマップ

ヒートマップは，データの大小，強弱などによって色や濃淡を変えるグラフであり，数値よりもデータの傾向を直感的に知ることができる。例えば，地図をヒートマップにすることで，都道府県別の人口を分かりやすく示すことができる。

図 9-6　ヒートマップ

2節 誤解されないグラフ

グラフを作成する際に，もっとグラフを見やすくしたい，もしくは分かりやすくしたいといった配慮から，一部を加工して誇張したグラフを見たことがないだろうか。しかし，グラフに不要な要素は**チャートジャンク**と呼ばれ，情報の正しい理解が妨げられるとして批判されることもある。

メディアに限らず，論文やプレゼンテーションの場などでもグラフを誇張して，意図的にそのデータを良く見せようとしている場合があるため，どのような意図でグラフが作られているのか注意して見るようにするとよい。

1項　均一な目盛の幅

時間軸などのグラフの目盛を途中で狭めたり広めたりしてしまうと，グラフの形が大きく変わってしまう。実際とは異なって，急激に増加や減少している印象を与えたり，変化が緩やかに見えたりしてしまう。グラフの目盛の幅は均一にすることが大切である。

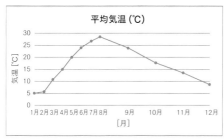

図 9-7　目盛の幅が異なったグラフ

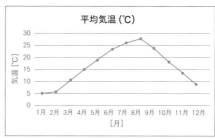

図 9-8　目盛の幅を均一にしたグラフ

2 項　イラスト表現の注意点

　イラストで表現する際に，目盛の高さに合わせてイラストの大きさを変えてしまわないように注意する。図9-9は，3倍増加していることを表したい図だが，イラストの面積は9倍(3倍×3倍)になっているため誤解させてしまう。グラフをイラストで表現する際には，図9-10のように同じ大きさのイラストを並べて表現したり，イラストの面積比を考慮して表したりするなどの方法を使いたい。

図 9-9　誤解を与えやすい表現　　　　　図 9-10　正しいイラスト表現

3 項　3D グラフの危険性

　3D グラフを使うと，遠近法の効果で手前にあるグラフのデータが多いように錯覚しやすい。実際はそれほど大きくないデータでも実際以上の大きさに感じてしまう。このように3Dにすると実際の割合とは異なった印象を与えてしまうため，3D グラフは極力使用しないようにしよう。

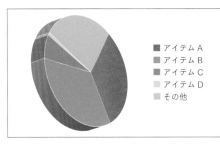

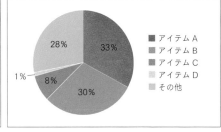

図 9-11　3D で表したグラフ　　　　　　図 9-12　3D で表していないグラフ

4 項　グラフの起点は "0"

　図9-13の目盛を見て分かるように，グラフが0以外から始まっていることで実際にはそれほど差がないデータでも，大きな差があるように見えてしまう。グラフは0から始めるのが基本である。

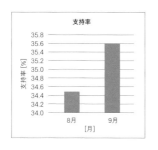

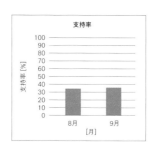

図 9-13　0 から始めていないグラフ　　図 9-14　0 から始めているグラフ

3節　2つのデータの関係

散布図は，2つのデータの関係(**相関関係**)を視覚的に表すことができる。

例えば，気温が上がるとアイスクリームの売上数がどう変わるか調べてみたとする(図 9-15)。図 9-15 を見ると，右肩上がりにデータが散らばっており，一方のデータ(気温)が上がるともう一方のデータ(アイスクリームの売上数)も増える傾向があることがわかる。このような関係を**正の相関関係**という。気温とアイスクリームの例で見ると，アイスクリームの売上数が上がる原因(気温)のことを**説明変数**といい，その原因によって起こる結果(アイスクリームの売上数)のことを**目的変数**という。

これとは逆に，一方のデータが増加するほど，他方のデータが減少する傾向があることを**負の相関関係**という。例えば，気温が上がるほどホットコーヒーの売上数が減少する関係があるとする。このときの様子を散布図に表したのが図 9-16 である。右肩下がりにデータが散らばっており，一方のデータ(気温)が上がるともう一方のデータ(ホットコーヒーの売上数)が減少している傾向があることがわかる。

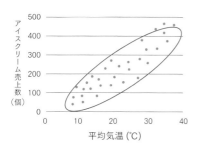

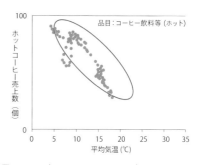

図 9-15　気温とアイスクリーム売上数の散布図 [1]　　図 9-16　気温とホットコーヒー売上数の散布図

散布図で示したデータが正か負の傾きをもつ直線状に並んで見えるほど2つの
データの関係が強いといえる。2つのデータの関係の強さを数値化したものに**相関
係数**がある。例えばExcelでは，CORREL関数を使うことで相関係数を求めるこ
とができる。相関係数は−1から1の間の数値で表され，相関係数が1に近づく
ほど正の相関関係が強く，−1に近づくほど負の相関関係が強い。正の相関関係や
負の相関関係が見られない場合でも，散布図に表してみると円やU字，ひし形の
ような形にデータがかたまっていて，関係性がある場合がある。相関係数を求める
だけでは2つのデータの関係性が見えないこともあるため，図9-17のように散布
図に表してみることは大切である。

　また，図9-18のように散布図上にある全てのデータに最もよく当てはまるよう
に引いた直線を**回帰直線**という。気温とアイスクリームの売上数の例で回帰直線を
利用すると，今日の気温からアイスクリームのおおよその売上数を予想することが
できる。飲食店などでは，回帰直線をもとにして，その日の気温に合わせて下ごし
らえをすることができるのである。

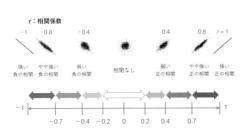

図9-17　相関係数による散布図の違い

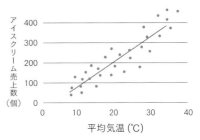

図9-18　回帰直線の例[1]

　なお，任意の2種類の相関係数を表に整理したものを，**相関係数行列**（相関行列）
と呼ぶ。また，任意の2種類の散布図を表に整理したものを**散布図行列**と呼ぶ。相
関係数行列や散布図行列は，データに含まれる多くの項目の関係性を一度に見ると
きに活用されている。

　散布図に相関関係の傾向が見られても実際には相関関係がない（**見せかけの相関
／疑似相関**）場合もあるため注意が必要である。例えば，アイスクリームの売上と
水難事故の発生数は，散布図に表すと正の相関関係が見られることがある。しかし，
実際はこの2つの事柄には直接的な因果関係が無い。アイスクリームと気温，気
温と水難事故とがそれぞれ関係しているため，気温がつなぎ役となってアイスク
リームと水難事故とが関係しているように見えていたのである。相関関係にはこの

例の「気温」のように，直接表れない第三の変数（**交絡要因**）が影響していることがある。相関関係が見てとれたときには，その2つの事象の間に共通する別の要因がないか考えてから判断するように心がけよう。

	国語	数学	理科	社会	英語
国語	1				
数学	0.069095	1			
理科	− 0.50199	0.687168	1		
社会	0.742081	− 0.24909	0.55229	1	
英語	0.8581	− 0.30569	− 0.80404	0.825113	1

図 9-19　相関係数行列
（表計算ソフトでの表現）

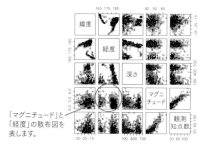

「マグニチュード」と
「経度」の散布図を
表します。

東京大学 数理・情報教育研究センター 荻原哲平 2020 CC BY-NC-SA

図 9-20　散布図行列

④節　標本の抽出方法　〜データが偏らないためには〜

　データをグラフにする方法が分かったところで，アンケート調査を実施してデータを集めることを考えてみる。アンケート調査を実施するにあたって，まずはどのような人にアンケートを採れば良いのかを明確にする必要がある。大学生を対象にしたアンケートをする際に，アンケートの調査対象になる全ての人（全国の大学生全員）を**母集団**といい，母集団を調査することを**全数調査**という。より正確な値を知るためには全数調査が一番だが，全数調査は一人一人に当たらなければならず莫大な時間と労力が必要となる。そこで，母集団の中から無作為に一定数の人を選び出して（**標本抽出**）調査をする**標本調査**を行うことが多い。標本調査で得られたデータからは，母集団の正確な情報は得られないが，その母集団の特徴を推測することはできる（**統計的推定**）。標本調査は全数調査よりも時間や労力が少なくて済むため，テレビの視聴率，内閣支持率などの世論調査や，企業が消費者に対して行う市場調査など様々な場面で行われている。

　標本を選ぶ方法（抽出方法）は，**単純無作為抽出**や**多段抽出法**，**クラスター抽出法**，**層化抽出法**などがある。それぞれの抽出方法は，メリットやデメリットがあるため，アンケート調査をするときには気をつけよう。

基礎
データリテラシー

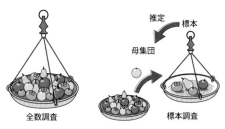

図 9-21　全数調査と標本調査

　一見便利に思える標本調査だが，適切な方法で母集団から標本を選ばないと，例え標本が多くても実態とは異なった調査結果になってしまう。標本調査がうまくいかなかったことで有名な事例として 1936 年の米国大統領選挙での世論調査のエピソードを紹介する。

　当時，世論調査で信頼されていたリテラシー・ダイジェスト社は，約 200 万人のアンケート結果から，ルーズベルト候補の再選はないと予測していた。しかし，その予測は外れ，わずか約 3000 人のアンケート結果からルーズベルト候補の再選を予測していたギャラップ社が予想を当てた。ギャラップ社は調査する際に，年齢や性別，年収，住んでいる地域などを考慮し，標本が米国の縮図となるように調査対象者を選び出したこと（**層化抽出法**）によって，予測を当てることができたのである。予測を外したリテラシー・ダイジェスト社は，自社の雑誌購読者や電話加入者，自動車登録者などにアンケート調査をしていたことで，標本が（当時の）富裕層に偏ってしまったのである。

　大学生にアンケートを採るときでも同様に，性別や年齢，住んでいる地域などで考え方や価値観が異なるため注意したい。例えば身長のデータを収集した場合，同年代であっても性別が偏っていればデータも偏り，実態とは異なる結果になるだろう。このように，層別の分析が必要なデータもあることを知っておこう。

？考えてみよう

　X 社から，漫画 K の人気キャラクターランキングが発表され，キャラクター A が 1 位だった。一方，Y 社から発表された漫画 K の人気キャラクターランキングでは，キャラクター B が 1 位だった。なぜこのようなことが起こるのかについて，集計方法や投票の仕方，投票の告知方法などあらゆる要因を考えてみよう。

参考文献
[1] 気象庁「気候リスク管理技術に関する調査（スーパーマーケット及びコンビニエンスストア分野）：販売促進策に 2 週間先までの気温予測を活用する」
　　https://www.data.jma.go.jp/gmd/risk/taio_pos.html（2023 年 6 月閲覧）

第 10 章

データの解析方法

　データをグラフに表すことで，その傾向や特徴を知ることができたり，相手に分かりやすいように伝えることができたりする。しかし，グラフに表すだけでは見えてこないものもある。

　この章では，導き出された情報から読み取った意味が，本当に正しいと言えるかどうかを検証する方法を見ていく。

1 節 ２つのデータの関連性

9章では，相関係数を求めることで２つのデータの関係を表すことができると紹介した。しかし，標本調査では相関関係があったからといって，本当に調べたい集団でも相関関係があるとは限らない。「それって，たまたま起こったんじゃない？」という意見に対して，統計的な裏付けのもと論理的に説明できることが必要である。

主張したいことが母集団で成り立つかどうかを，標本をもとに判断する手法を**統計的仮説検定（検定）**という。

検定を行うには，主張したい仮説（**対立仮説**）と主張したい仮説とは逆の仮説（**帰無仮説**）を立てる。例えば，YouTube で勉強すると成績が上がることを検証したいとする。この場合，まず主張したいことである「YouTube で勉強すると成績が上がる」という対立仮説を立てる。次に主張したいこととは逆の「YouTube で勉強しても成績は上がらない（変わらない）」という帰無仮説を立てる。帰無仮説とは，否定（棄却）されることを期待して立てる仮説である。帰無仮説が棄却されれば，主張したいことの逆が否定される（二重否定）ことになるため，間接的に主張したいことが成り立つと言うことができる。

実際の検定は次のような手順で行うことになる。

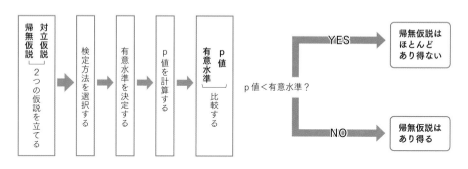

図 10-1　検定の手順

1 項　統計的仮説検定（検定）

実際に検定を行ってみる。例えば，YouTube を利用して学習した場合の学習効果を調べたいとする。一般の正答率が 40％の数学の問題を出題したところ，YouTube を利用して勉強した 30 人のうち 18 人（60％）が正解した。数値だけ見ると，YouTube を利用して勉強する方法は効果がありそうだと思われるが，この数

値の差は YouTube を利用しないで勉強した場合でも起こりえる可能性が否定できない。そこで，検定を行ってみる。

　初めに，対立仮説である「YouTube を利用して勉強する方法は正答率 40％を上回る（効果がある）」と，帰無仮説である「YouTube を利用して勉強する方法は正答率 40％を上回らない（効果がない）」の 2 つの仮説を立てる。

　次に，帰無仮説が棄却される基準（水準）の値を決定する[*1]。このときの帰無仮説が棄却される基準（**有意水準**）は 0.05 と決定する（→ 2 項）。検定による **p 値**[*2] が有意水準の 0.05 よりも小さい値であったら，その数値の差（正答率の差）は偶然には起こりえないと判定することになり，帰無仮説は棄却される。逆に p 値が 0.05 以上であったら，有意水準 0.05 では帰無仮説は棄却されず，「帰無仮説は誤っているとは言えない」と判断する。言い換えると，「偶然そうなることもありえるだろう」となる。p 値は表計算ソフトなどでも比較的簡単に求めることができる。

　検定を行った結果，YouTube を利用して勉強した人たちの正答率が一般正答率よりも高くなる事象の p 値は 0.04 となった。この数値は有意水準である 0.05 よりも小さいためあまりに稀であり，今回起きた「YouTube を利用して勉強した人たちの正答率が一般正答率を上回った」という事象は偶然であるとは考えにくい。そこで帰無仮説である「YouTube を利用して勉強する方法は効果がない」が正しいと仮定したことを棄却し，YouTube を利用して勉強する方法に「効果がある可能性が高い」と判定する。

　今回は帰無仮説が棄却された場合であったが，帰無仮説が棄却されない場合もある。例え正答率が上がったなどの数値の差や変化が見られたことによって，「効果がある」ように見えたとしても，検定を行うと p 値が有意水準である 0.05 以上になり，効果があるとは言えないこともある。検定を行うことで，本当に効果があると言えるかどうかを判定できる。

　自分にとって有利な見方に執着せず，客観的に判断することが大切である。検定には様々な種類があるため，データの種類や仮定される分布の有無，検証したい内容によって，適切なものを使い分けることが求められる。

選択　オプション

....

[*1] 　ここで行う検定は，**二項検定**と呼ばれる検定を想定している。効果があるのかないのか，当たりなのかハズレなのか，勝ちか負けかなど結果が 2 パターンの場合に使用する。例えば，勉強法による学習効果や薬効などの検証に用いられることが多い。

[*2] 　**p 値（p-value）**　帰無仮説が正しいかを判定するための基準となる値のこと。帰無仮説が正しいと仮定したとき，仮説から外れた極端な値が出る確率の実現値。

> ✎ **コラム** 有意水準と統計的有意性
>
> 　有意水準とは，帰無仮説を棄却する基準のことである。有意水準は自由に決定することができるが，検定を行う前に決定しなければならない。伝統的に 0.05（5％）にすることが多い。p 値と有意水準とを比較することで，帰無仮説が棄却されるかを判定する。p 値が有意水準より小さいということはあまり起こりえないこと（稀なこと）が起きたのであり，「帰無仮説を仮定したことが誤っている」と考える。そして，帰無仮説を棄却して対立仮説が正しいと判断する。このように，差や変化に意味があることを統計的に有意である（有意差がある）という。

2 項　統計的推定〜標本調査でも母数を推定〜

　母集団の特性を知りたいのに，標本調査であるために直接求められないことは多い。もしデータの個数を増やせたら，標本平均は母平均に近くなっていく（大数の法則）。つまり，標本数が多いほど標本調査に基づいた推定の精度は高くなる。

　標本から母数を推定する方法には**点推定**と**区間推定**がある。点推定とは，例えば標本平均が母平均であると仮定したときに，どれくらい誤差があるのかを推定する手法である（標準誤差）。標準誤差はその仮定の精度を表し，標本数が多いほど標準誤差は小さくなる。一方，区間推定とは，母集団が正規分布に従うと仮定できる場合に，母平均を標本平均というひとつの値ではなく，ある区間（範囲）で推定する手法である。このとき推定する区間を**信頼区間**と呼ぶ。

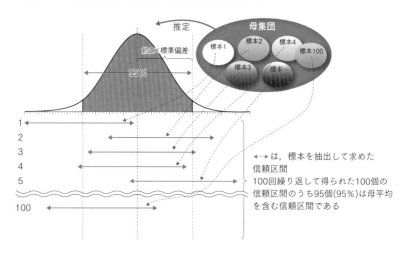

図 10-2　95％信頼区間のイメージ

区間推定では「95%信頼区間」を用いることが多い。この"95%"は信頼係数または信頼度と呼ばれ，"90%"や"99%"とすることもある。信頼係数とは母集団から標本を採って同じ調査や実験を繰り返し行ったときに，その区間の中に母数が含まれている可能性を表す。信頼係数が95%とは，図10-2のように100回推定したら95回程度はその区間に母平均が含まれることになる。

② 節 いろいろな検定

1 項 独立性の検定

独立性の検定（カイ二乗検定）とは，いくつかの設問項目をクロスさせて1つの表にまとめた**クロス集計表（分割表）**において，その設問同士が関連しているかどうかを調べるときに使用する検定である。例えば表10-1は，「和菓子は好きか？」と「抹茶は好きか？」について個別にアンケートを行い，2つの設問を1つの表にした2×2のクロス集計表である。縦が「和菓子は好きか？」に対する項目で，横が「抹茶は好きか？」に対する項目である。

和菓子が好きであることと抹茶が好きであることとの関連性を考えてみる。表10-1を見ると，和菓子と抹茶の両方が好きであると回答している人（61人）は，和菓子は好きだが抹茶は嫌いである人（38人）より多い。これだけを見ると，和菓子と抹茶をセットにして売り出した方がいいのではないかと考えたくなる。しかし，和菓子と抹茶との間に何らかの共通事項があり，この2つの設問自体が関連性を持ってしまっているかもしれない。例えば，どちらも"和風"であることから，和風を好む人は和菓子と抹茶どちらも好みやすいことは考えられるようである。このような疑問を解消するために，独立性の検定を行う。

表10-1 アンケート結果のクロス集計表

	抹茶好き	抹茶嫌い	合計
和菓子好き	61	38	99
和菓子嫌い	49	52	101
合計	110	90	200

初めに，対立仮説の「和菓子が好きであることと抹茶が好きであることは独立していない（関連する）」と帰無仮説の「和菓子が好きであることと抹茶が好きであることは独立している（関連していない）」の2つの仮説を立てる。

有意水準を 0.05 と決定して，独立性の検定を行うと，p 値は 0.06 となった。有意水準である 0.05 よりも大きいため，帰無仮説は棄却されず，『「和菓子が好きであることと抹茶が好きであることは独立している(関連していない)」は誤っているとは言えない』と判定する。

このように，表を見ると関連がありそうなものでも，検定を行ってみると帰無仮説が棄却されずに，2 つの設問の関連性は認められない場合がある。このとき，「2 つの設問は独立している(関連していない)」と決まったわけではないことに注意しよう。

クロス集計を用いる際の検定ではほかにも，p 値を直接的に求める**フィッシャーの正確確率検定**があるが，データの個数に応じて計算量が膨大になりやすい。そのため独立性の検定を使うことが多い。

> **✎ コラム　サンプルサイズと P 値**
> p 値は**サンプルサイズ**[*3] と関係があり，サンプルサイズが小さすぎると，本来得られるはずの差や変化が検出できなかったり，検定の結果の信頼性が低くなる。逆にサンプルサイズが大きすぎると，ささいな差や変化でも統計的に有意になりやすく，本質的に意義のある差や変化と誤認してしまうこともある。p 値は結果の重要性を測るためのものではないことに注意しよう。

2 項　平均の差の検定(t 検定)

t 検定は，1 組または 2 組の標本について，母平均に差があるかどうかを検定するものである。t 検定では，母集団が正規分布に従うことを前提とする。

1. 対応のある t 検定

2 つの母集団に対する t 検定(2 標本 t 検定)の中でも，**対応のある t 検定**は，実験前と実験後などの同一のグループに対して，その平均の差が統計的に有意であるかどうかを検定する。特定できる対象がどのように変化したかが明らかであるときに用いる手法である。

例えば，表 10-2 のように，「データサイエンスを学びたいと思うか？」について，大学生 15 人に 4 件法(学びたい 4 点・やや学びたい 3 点・やや学びたくない 2 点・学びたくない 1 点)でアンケートを行ったところ，平均が 3.07 になった。データサ

....

＊3　**サンプルサイズ**　データの個数のことで，「標本の大きさ」とも言う。

イエンスの説明と重要性についてプレゼンテーションをし，再びアンケートを行ったところ，平均が3.47になった。「数値は3.07から3.47に上がったが，プレゼンテーションの効果による差だと言えるのか」を確かめるために，対応のあるt検定を行う。

「データサイエンスを学びたいと思う人が増えた（2群の平均に差はある）」という対立仮説に対して，帰無仮説として「データサイエンスを学びたいと思う人は増えていない（2群の平均に差はなく，ゼロである）」を立てる。有意水準は0.05と決定し，対応のあるt検定を行う。

表 10-2 「データサイエンスを学びたいと思うか？」

被験者	プレゼン前調査	プレゼン後調査
A	2	3
B	3	4
C	4	4
D	3	4
E	2	3
F	3	3
G	3	3
H	4	4
I	4	4
J	2	2
K	3	4
L	4	4
M	4	4
N	3	4
O	2	3
平均	3.07	3.47

検定を行った結果，p値は0.01となり，有意水準0.05よりも小さいため，帰無仮説は棄却されて，プレゼンテーション前後の平均の差は統計的に有意だと言える。つまり，プレゼンテーションによって，データサイエンスを学びたいと思う人が増えたのだろうと考えられる。

2. 対応のないt検定

クラスAとクラスBの学生のテストの点数を比較する場合など，独立した（お互いに関連のない）グループ間で比較する場合は，**対応のないt検定**を用いる。また，同一のグループに対する比較であっても，匿名でデータを取得するなどして，同一人物のデータを関連づけて比較できない場合などは，対応のないt検定を用いる。

3. 1標本のt検定（母平均の検定）

母平均が，ある基準値と同じかどうかを判定する場合には，**1標本のt検定**を用いる。例えば，「1袋当たり200gと表記されているスナック菓子について，無作為に100個取り出し，その平均が203gであったが不具合なのか？」といったことを判断できる。

適切な検定を選ぶことができれば，計算することは難しくなく，表計算ソフトなどでも簡単にできる。卒業研究のアンケート調査や実験はもちろん，ビジネスやマーケティングなど様々な場面で積極的に活用しよう。

🖊 コラム p 値ハッキング

　p 値ハッキングとは，有意差のある結果（p < 0.05 となる結果）となるように，取得したデータから都合の悪いデータを除外したり，新たなデータを追加したり，解析方法を変えたりすることである。最近では，p < 0.05 という基準に過度にとらわれず，取得したデータの検定結果を素直に報告することが強く求められている。有意差を出すことに必死になり，p 値ハッキングにならないよう事前に十分な調査計画を立てるなど注意が必要である。統計的に有意な結果を導きたくなるが，それよりも，どのような数値になり，何が分かったのかが重要であり，その結果を次の調査や研究につなげることが大切なのである。

🖊 コラム そのほかの検定

　今回は様々な検定の中でも使われることが多い検定について紹介したが，そのほかにも相関係数に関する検定がある。標本では，相関関係が示されるとき，母集団でも相関関係が言えるかどうかを判定するときは，無相関の検定を使用する。

　例えば，年齢と趣味など，一方が量的変数でもう一方が名義尺度であるとき，それが相関しているかどうかを知りたい場合は，相関比の検定（相関比の無相関検定）を使用する。

　また，t 検定では正規分布に従うことを仮定したが，そのような検定をパラメトリック検定と呼ぶ。正規分布を仮定しないときはノンパラメトリック検定を用いる。例えばウィルコクソンの順位和検定ではデータを順に並び替えることで，分布によらずに検定を行える。

　さらに様々な検定について詳しく知りたい人は統計の本などで調べよう。

第 **11** 章

情報の利活用と方法

　身近にあふれている様々な情報は，情報通信機器の発達によって集めやすくなった。一方でデータとうまく付き合っていくためには，利活用する方法が欠かせない。データを利活用する手段としては，主に集められた情報自体がどんな情報なのかを「知る」技術，そのデータから必要な情報を生み出し「使う」技術が必要となる。

　この章では，これらの技術について触れながら，利活用する上での注意点を見ていく。

1 節 情報の可視化 ～「目に見えない」ものをどう扱うかを知る～

　これまでの章で，データの集め方や解析の方法を学んできた。ビッグデータを利用した AI を活用するなど，情報をうまく役立てることで，日常生活を快適に過ごすことができていることを理解できたのではないだろうか。その一方で，例えばSNS などでたくさんの人が発信しているから，その情報は正しいものであると思い込んでしまうことはないだろうか。普段の生活で利用する情報が増えれば増えるほど，情報の持つ意味をひとつひとつ確認することが難しくなってしまう。その結果，情報を利用するときに誤解が生じることがある。これは，人間だけでなく AIを利用するときにも当てはまる。これを避けるためには，その情報が何を伝えたいものなのかを正しく知り，情報の持つ意味を正しく理解することが大切である。そのために生み出された情報を人にとって分かりやすい形にする技術のひとつが**「データの可視化」**である。

　情報のもととなるデータは，もともとが数字の羅列である。これだけですぐに内容や意味を正確に把握できる人はほとんどいないだろう。「データの可視化」はデータを理解するために数字ではなく，絵として見る方法である。日本のことわざに「百聞は一見に如かず」という言葉があるように，人は「目で見る」ことで情報を理解しやすくなる。このことからも，可視化が有効な方法であると言える。

コラム　「可視化」と「見える化」[1]

　情報を分かりやすくするために視覚的に捉えやすくする手段が重要視される中，よく聞く言葉に「可視化」と「見える化」がある。この 2 つの言葉は，ともに視覚的に分かりやすくすることを指しているが，一体どんな違いがあるのだろうか。言葉として先に存在していたのは，可視化である。可視化は，本来見えない情報をなにかしらの形で見えるように変換し，その情報を必要とする人が見たいときに見ることができる状態を指す言葉である。これに対して見える化は，本来見えない情報を誰もが常に見られて，活用できる状態にすることを指す言葉である。

　見える化という言葉は，1988 年にトヨタ自動車が発表した論文で使われた言葉である。生産ラインに異常が発生したときにランプを点滅させることで，作業員が異常に気付けるようにした方法の説明で使用された。主にビジネスの世界で使用される言葉で，見えない情報を見えるようにすることで問題や課題となる部分を改善する流れを作るときに使用される。

8章でデータの解析方法のひとつとして，グラフを作ることを説明した。このグラフもデータの可視化のひとつである。ほかにも，人の動きを把握するための方法として，時間的な変化を分かりやすくする**リアルタイムの可視化**や空間的な変化を分かりやすくする**地図上の可視化**，**挙動・軌跡の可視化**などが行われる。例えば，警察庁と国土交通省のデータを利用した交通事故の多い危険な交差点を可視化するサービス「みえない交差点」がある。これを使って分析すると，信号機がなく，名前のない各地の小さな交差点で事故が多発していることが分かった。こういった交差点の多くは警察の集計対象ではないため，効果的な安全対策が進んでいなかったという気付きが得られた。このように可視化することで物事が把握しやすくなる。一方で，可視化するときには注意点がある。可視化は「分かりやすくする」ことが大事な目的であると同時に，情報を伝えるためのひとつの手法でもある。そのため，2つのデータを比較する**関係性の可視化**や複数のデータをひとつにまとめる**多次元の可視化**など，情報を伝えるに当たって適切な方法が変わってくる。つまり，どんな情報を分かりやすくしたいのかという可視化する目的を考えてから，情報が誤って伝わらないことに注意して視覚化することが重要となる。

② 節　AIの登場と進化　〜AIは自分自身で成長するのか〜

　膨大なデータを利用するためには，データの収集，解析だけでは不十分で，そのデータを利用するための手段が必要となる。ここでは，膨大なデータの利用方法の具体例として，AIを説明する。

　AIは発展的・革新的な技術として様々な分野で取り上げられている。AIが活躍し始めるまでは，製作者によって決められた動作しかできないシステムが一般的だった。これに対してAIは，自分自身で情報を集めて，それを利用して対応可能な範囲を広げたり，正確性を高めたりといった自己成長(学習)ができる特徴を持つ。では，AIはどのように学習しているのだろうか。

1 項　ロボット工学の一角だったAI

1. 人の代わりに働いてくれるロボットの頭脳

　ロボットという言葉はいろいろなところで耳にすることがあるだろう。工場で使用される様子などを目にすることもあるかもしれない。はたまた，ロボット掃除機など普段使いしているものを思い浮かべる人もいるかもしれない。

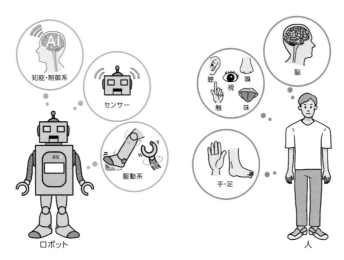

図 11-1　ロボットと人の違い

　ロボットは，最初は人に代わって負担の大きな仕事をこなす道具として開発された。重労働の多い工場などで活躍していることが多いのは，これが理由である。その後，技術の発達とともに，高価な機器，専門的な機器としてだけではなく，子供のおもちゃなど安価に買えるものにまで使われるようになってきた。

　そもそもロボットとはどんなもののことを指すのだろうか。日本では，「センサ，知能・制御系，駆動系の 3 つの要素技術を持つ知能化した機械システム」をロボットとして定義している[2]。「センサ」とは，情報を獲得する機器のことである。「知能・制御系」とは，「センサ」によって獲得された情報を利用して，本体がどう動けばいいのかを判断する機能のことである。「駆動系」とは，「知能・制御系」によって判断された内容を実行する機能のことである。特に，「知能・制御系」に関する研究開発が進められたことで，人工知能が生まれてきた。

> ✒ コラム　**ロボットの語源とは？**[3]
>
> 　ロボットという言葉は，戯曲（オペラ）のひとつである R.U.R（Rossom Universal Robots）の中で描かれた自動人形のことを指す ROBOTA が語源であると言われている。小説・ドラマ・漫画・アニメといった空想の世界に登場する道具だったものが，産業界に発生した自動化（第 3 次産業革命）をきっかけに注目されるようになり，現実の世界で数多く利用されるようになってきた。

2. "AI" が持つ意味の変化

電気電子機器の発達，情報通信技術の発達，情報共有技術の発達などにより，ありとあらゆる情報が計測できるようになった。ここで得られたデータは，デジタルで扱えるため，蓄積できるようになった。このデータを利用して，そのデータがどう変化していくのかを推測したり，状況に応じて物事を判断したりするなど，人間の知能をコンピュータ上で人工的に再現できるようになった。これが AI である。AI はもともとはロボット工学の分野にあった一要素として，センサから獲得された情報を使って，次にどう動くかを決める機能であった。これが第 3 次産業革命における自動化技術や情報処理機器の能力向上などをきっかけとして飛躍的に発展した。AI は，従来の技術を発展させてより良いものを作る「連続的な進化」だけではなく，ディープラーニング(→ 2 項)の実現にともなった進化のように「**非連続的な進化**」といった多様性のある発展・進化を生み出せるという特徴もある。

2 項　機械学習とディープラーニング

1. 機械学習

3 章では，膨大なデータが簡単に獲得できるようになったことを説明した。しかし，センサをひとつに限定すると計測できるデータ量はごく少ない量でしかない。この少ない情報から全体の情報を推測するために，「統計」を用いている(→ 10 章)。統計は，獲得したデータの持つ散らばり(データの分布)から数学的な手法を利用して，データの特徴を見出す手段である。統計による処理は，研究開発の価値を評価する手法，マーケティングの販路を見出す手法など様々な分野で用いられている。例えば，得られたデータからその規則性を見つけ出すことで，ある商品の購入対象がどんな集まりなのかを知り，販売先を検討することなどへ利用されることもある。

さらに，情報処理技術が向上したことで多くの計算が行えるようになった。これにともない，データを分析する作業は，計測されたデータの持つ規則性を見つけるだけにとどまらなくなった。その技術のひとつとして，集められたデータをコンピュータ上で自動的に分析し，そのデータの集まりの持つルールやパターンを発見することができるようになった。これが**機械学習**である。機械学習は，AI を実現するための分析技術のひとつとして発展した。ただし，学習するためのもととなるデータを用意する必要があり，何もない状態から勝手に結果を導き出すものではないため，AI にも限界がある。

機械学習には，教師あり学習，教師なし学習，強化学習の 3 つの方法がある。それぞれについて例を使いながら説明する。

①教師あり学習

　仮に，猫の画像認識に「教師あり学習」を用いるとすると次のようになる。まず，「猫」の画像の集まりとそうでない画像の集まり（例えば犬）を用意する。AI は猫の画像の集まりと犬の画像の集まりから猫が持つ特徴を学ぶ。その後，初めて見る画像に対してその特徴の有無を判別し，猫かどうかを判別できるようになる。ポイントは，「正しい知識から特徴を学んで，初見の問題でも正しく判別できるまで繰り返し学ぶ」である。

②強化学習

　動物の調教をイメージすると分かりやすい。犬に"お手"を教えるとき，初めはなかなかうまく芸ができない様子を見たり経験したりするのではないだろうか。犬がたまたま前足を乗せる動作をしたときに，飼い主が大げさに褒めたとする。すると，前足を乗せた犬は，徐々に褒められる動作は何かを学ぶようになる。これを繰り返していくうちに，お手ができるようになる。強化学習では同じように「正しい行動をすれば報酬を得られる」「誤った行動をすれば罰が与えられる（報酬が減る）」というモデルでプログラムされる。囲碁などのボードゲームでは強化学習が用いられ，どのような状況でどの一手を打つと勝率（報酬）が高いかを計算していく。勝負を繰り返すほど学習が進み，精度が高まっていくことになる。ポイントは「何度も試行して，報酬が最大になる行動を取り続けながら学ぶ」である。

③教師なし学習

　この方法では，あらかじめ与えられる正しい知識も報酬もない。雑多に見える情報の中から，AI が自らのルールで特徴を見出し，分類する（クラスタリング）。分類のルールは必ずしも人間が理解できるものとは限らない。例えば，AI が「猫」の画像を自動的に選ぶようになったとしよう。このとき AI にとって「猫」として分類できたのは偶然で，「毛深い」や「尖った耳がある」といった，もっと細かいルールで画像を選んでいるかもしれない。AI によって分類されたものに対して，それが「猫」だとラベルを付けるのは人間側である。この方法は，大量のデータの中にどんな情報が含まれるのかが分からない場合に役立つ。AI に分類方法を委ね，処理が終わった後で私たちがラベル付けをすれば良い。ポイントは「大量のデータの中から AI に特徴ごとに分類させて，その分類に人間が意味付けをする」である。

▐ 2. ディープラーニング

　機械学習に含まれるひとつの方法であり，機械学習の技術を飛躍的に向上させるきっかけとなった学習方法に**ディープラーニング**がある。従来の機械学習との違い

は，そのデータを持つ特徴的な傾向(**特徴量**)を見つけ出す作業(**特徴量抽出**)を，人間が直接行うかコンピュータが自律的に行うかの違いにある。前者が機械学習であり，後者がディープラーニングである。

　ディープラーニングは，人間の脳の神経回路を真似て構築された**ニューラルネットワーク**と呼ばれる構造を持っている。ニューラルネットワークは，入力層，中間層(隠れ層)，出力層の3つの層に分かれたモデルであり，人間の脳の神経細胞「ニューロン」の仕組みに着想を得ている。

　例えば0から9の数字を認識する場合を考えよう。白地に黒く数字が書かれた画像があるとする。入力層ではそれを細かな粒に分割し，その一粒ずつを白か黒か判別して入力する。出力層では，0から9のどの数字に近いか，その確率を出力する。中間層では粒同士をひとつの集まりと捉え，丸みや直線などの特徴を判別する。

　ディープラーニングはニューラルネットワークの発展であり，中間層の数を増やし，複雑な情報も学習できるようにしたものである。ディープラーニングは中間層が多いという特徴から，深層学習とも呼ばれ，教師あり学習，強化学習，教師なし学習のいずれにも活用される技術である。ニューラルネットワークでは，入力と出力しか提示されないため，中間層でAIがどんな特徴を見出しているのか，その学習過程は人間には分からない(**ブラックボックス**)。

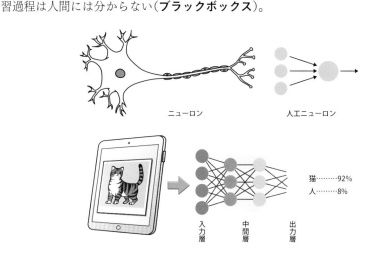

ニューロン　　　　　人工ニューロン

猫………92%
人………8%

入力層　　中間層　　出力層

図11-2　ニューラルネットワークのモデル

　何に使用するAIなのかという目的によって変わってくるが，ディープラーニングは，自律的に学習を続けられるアプリケーションとして作り上げられている。入力されたデータが持つ特徴を自分で見つけ出し，その規則やルールをモデルとして

作成する。このモデルを更新しながら，正しい予測が出力できるように学習を繰り返していく。このときのモデルには，**識別モデル**と**生成モデル**がある。

- **識別モデル**　　入力されたデータを分類するモデルで，教師あり学習を利用する。例えば入力されたデータが猫の画像かどうかを判断する。
- **生成モデル**　　学習したデータをもとに類似したデータを作るモデルで，教師なし学習を利用する。例えば猫の画像を使って学習させた生成モデルを利用すると，新しい猫の画像を作り出すことができる。

特に，この生成モデルとディープラーニングを組み合わせたものを**深層生成モデル**と呼ぶ。この深層生成モデルの代表例として**敵対的生成ネットワーク**（**Generative Adversarial Networks：GAN**）が挙げられる。これは，新しい画像を生成するための機能（生成器）と画像を正しいものかを判断する（識別器）の両方を組み込んだ生成モデルである。生成器と識別器を競い合わせるように学習をさせることで，限りなく本物に近い偽画像を作ることができるようになる。このモデルを使えば，馬の写真をもとにして，違和感なくシマウマに変化させることができる。

機械学習を通して高精度な予測を進めていくためには大量のデータが必要となる。しかし，十分なデータを集められない場合もある。そのときでも高精度な予測ができるよう，別の内容を学習させたときの知識を利用する**転移学習**といった技術も生まれてきている。簡易的ではあるが，それぞれの技術がどのような関係にあるのかを図 11-3 にまとめたので確認してほしい。

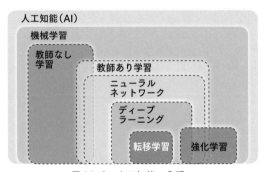

図 11-3　人工知能の分類

3節 データや AI を扱うときの注意点　～便利なものには落とし穴もある～

医師が患者を治療するために，診断画像を撮影したとする。後に，この診断画像

を利用して，新しい治療支援技術を作ろうとした場合に，この診断画像は使っても良いのだろうか。そもそも，この診断画像は誰のものなのだろうか。撮影した医師か，それとも撮影された患者のものだろうか。一見すると専門的な話のように感じられるかもしれない。しかし，著作権や肖像権といった側面で考えてもらうと，意外と身近に存在する問題である。

これまで説明してきた通り，増え続けるデータを正しく理解し，利用していく上で，その解析手法やAIへの応用が社会的に広まりつつある。それにより普段の生活が快適になる一方で，データの利活用において注意すべきことが現れてきている。そのひとつに，上記のようなデータを利用したいとき，そのデータの持ち主は誰だろうかという問題がある。これは，データが簡単に獲得できるようになったことから，問題視されるようになった要素であり，**ELSI**（Ethical, Legal and Social Issue，エルシーと読む）と呼ばれる[4]。

ELSIという用語は，1990年に米国で始まった「**ヒトゲノム計画*1**」の中で登場した。このヒトゲノム計画や関連する研究によってもたらされる影響は，医師や患者だけではなく，社会全体にまで及んでいる[5]。

人の遺伝的な情報を読み取り解析できるようになり，データ化できるようになったことで，その結果を多くの人が利用できるようになった。しかし，その一方で，個人情報でもあるこのデータの扱いが問題になった。これは，倫理的側面，法的側面，社会的側面の要素を持っていることから，それぞれの頭文字を採り，ELSIと呼ばれている。日本でも，第5期科学技術基本計画では「倫理的・法制度的・社会的課題」という言葉が取り上げられ，第6期科学技術基本計画では，Society 5.0を実現するために対応すべきものとして明記されるようになっている。

この問題は，生命科学分野における研究に対して考えられていた問題であったが，AI，ICT，データサイエンスの分野でも考慮するべき問題点として考えられるようになってきた。ここでは診断画像の例を挙げたが，これに似た問題がニュースで2022年5月に報じられている[6]。眼科医が病院や患者に無断で医療機器メーカーに手術動画を提供して金銭を受け取っていたという事件で，個人情報保護法に従って病院側の管理が指摘されたものである。この事件では，個人情報保護法に抵触することから指摘されたものであって，厳密にはELSIへの対応が決まっているわけではない。このように，特に新しい科学技術が社会に導入される場合，現行法で明確に罪に当たってしまうものと，明確ではないが現行法では解釈が難しく，有益な

*1 **ヒトゲノム計画** 人の遺伝情報の全て（ヒトゲノム）を解読しようとする研究計画のことを指す。

技術であっても，違法扱いになってしまう可能性があるものとがある。新しい生殖医療技術や臓器移植技術などもこの一部である。

　このような問題は，倫理的な問題として，対象となる人自身が自分を戒めて行うだけではとどまらなくなっている。SNSなどを使用して自身で撮影した動画をアップロードするときに，その背景に人やモノが映り込んでいることはないだろうか。このようなことでも権利を侵害したと見なされる可能性がある。この問題は，カメラなどの撮影する機器が，市販され一般的に使用されるようになったときに法整備自体がなされていなかったことが原因である。この問題に対応するために，プライバシーという概念が生まれた。法律はその制定過程からどうしても技術の進歩にすぐに対応することは難しいため，法整備は後追いという形になりやすい。このような流れは，人が生活する社会でも影響を強く受けることになる。

　新たな技術が生まれ，それが産業へと発展し，日々の生活に利用されるようになってきた。ELSIは，データサイエンスだけに生じる問題ではなく，科学技術開発という広い範囲で対処することが求められる課題であるが，これらの課題も，データサイエンスを学び，データを利活用していく上で注意するべきことのひとつである。

✏️ **コラム** **個人の情報を扱う責任**

　「著作権の侵害」にかかわるニュースを見たことがあるだろうか。これと同様にデータを扱う点でも注意するべき事項はたくさんある。データそのものが一体誰のものなのかを明らかにして利用することが法令で決めれるようなケースがある。例えばEUで2016年4月から施行されたEU一般データ保護規則（General Data Protection Regulation：GDPR）がある。この規則では，データの中に含まれている個人情報の扱いが厳密になっていて，データを共有しやすくなる一方で，データを公開する側，使う側の両方に責任が課されることになる（→14章）。

参考文献

[1] 岡本渉，生産保全活動の実態の見える化，プラントエンジニア，30 (2)，38-43，1998
[2] 国立研究開発法人新エネルギー・産業技術総合開発機構（NEDO）「NEDOロボット白書2014」（2014年3月）
[3] カレル・チャペック，ロボット RUR，中公文庫，2020
[4] 文部科学省　学術変革領域研究　学術研究支援基盤形成　生命科学連携推進協議会，「よくわかる！はじめてのELSI講座」　https://square.umin.ac.jp/platform/elsi/elsi.html （2023年6月閲覧）
[5] Shimizu Atsushi, "The Human Genome Project and the Complete Sequence of a Human Genome", JSBi Bioinformatics Review, 3 (1)，11-19 (2022)
[6] NHKニュース「手術動画で医師75人に現金提供 医療機器メーカー「厳重警告」」https://www3.nhk.or.jp/news/html/20220713/k10013715351000.html （2023年6月閲覧）

第12章

AI による生活のアップデート

　普段から何気なく利用している道具やアプリにも AI は使われている。私たちが知らないうちにサポートを受けているかもしれない。日常生活で利用するもの，近年新しく生まれてきたサービス，エンターテインメントなど思いもよらないところにも使われているのではないだろうか。

　この章では，身の回りで使われている AI の技術にはどのようなものがあるのか，その活用事例をみていこう。

1節 スマートスピーカーや AI アシスタント

　何かものを調べたり授業に遅れないように目覚ましをかけたりするのに，スマートフォンを利用していないだろうか。その際，**音声アシスタント**を利用する人も多いだろう。音声入力を利用した入力とその処理結果の出力をサポートしているものを **AI アシスタント**と呼ぶ。スマートフォンに限らず，スマートスピーカーなどでも活躍するシステムである。

　AI アシスタントは，使用者の呼びかけに対する応答，どの機能を使うのかの決定，その機能で何をするのかを具体的に判断するという機能を持ち，様々な技術が使われている。例えば，応答では，呼びかけに答えるために**音声認識技術**が使用されており，音声がデータに変換される。変換されたデータをもとに**自然言語処理**が行われ，何をするのかを具体的に AI が判断できるようにする。自然言語処理は，人の言葉を機械が処理できるようにする技術である。このように，応答だけでも話し言葉を名詞や助詞といった文章の最小単位に分割して，教師あり学習を経た AIに送ることで，人の言葉を機械が理解し，応答するという**複数技術を組み合わせたAI サービス**となっている。

　AI アシスタントの例としては，Google
社の Google アシスタント，Apple 社の
Siri，Amazon 社の Alexa，Microsoft 社の
Cortana などが挙げられる。使用例として
は，AI アシスタントに向けてネットワー
クに接続した家電の名称と，してほしい作
業を伝えて利用することが挙げられる。そ
のほかにも赤ちゃんの睡眠中の事故を防止
すための Yun Yun Ai Baby Camera 社の
CuboAi といった子育てを支援するアシス
タントなども生まれてきている。

図 12-1　AI アシスタント

2節 ロボット掃除機

　家庭に入り込んだロボットはいくつかあるが，その中でもイメージしやすいのが**ロボット掃除機**ではないだろうか。特に iRobot 社の Roomba（ルンバ）はほとんど

図 12-2　ロボット掃除機

の人が家電量販店などで見かけたことがあるのではないだろうか。もしかすると，実物を所有している人もいるかもしれない。このロボット掃除機は，AI 活用事例として有名なもののひとつである。

　会社によって多少の違いはあるが，ロボット掃除機は，AI を部屋の形状と障害物の有無，その情報蓄積による掃除の効率化に利用している。ロボット掃除機に導入されている AI は，行動規範型 AI と呼ばれるものが使われていることが多い。

✐ **コラム**　**ロボット掃除機「ルンバ」が与えた衝撃** [1] [2]

　最近のロボット掃除機の中には，より多くのごみを吸い取ることを報酬とした強化学習を取り入れ，汚れやすい場所を念入りに掃除する製品が多くなっている。しかし，初期のロボット掃除機は，もっとシンプルな仕組みにもかかわらず，まるで知能を持つかのように見えた。特に iRobot 社が開発した「ルンバ」が発売されたときは非常に大きな話題となった。このロボットはなぜ知能を持つように見えたのだろうか。

　フレーム問題（→ 5 章）で取り上げたように，当時のロボットは指示された内容を正確に行う機械であったため，事前情報のない突然の変化に対応することが難しかった。ロボットに空間のレイアウトをプログラム上で指示していたとしても，走行している間に，偶然置いてあった荷物やたまたま居合わせた歩行者といった環境の変化に対処できないと考えられていた。しかし，「ぶつかったら避ければよい」という単純な発想を取り入れたところ，工場や家庭など障害物や歩行者のいる環境でも十分に機能するロボットが誕生した。このとき使われたプログラムは，「ぶつかったら，向きを変えて走行する」というシンプルな原理である。複雑なプログラムを組み合わせるのではなく，発想の転換によって，人工知能研究が大きく前進した瞬間である。

あらかじめ決められた範囲で動くのではなく，そのときどきでセンサから得たデータに応じて動きを変えていき，その情報を積み重ねることで効率の良い動きを学んでいく。ロボット掃除機はほかにも，パナソニック社の RULO，ダイソン社の Dyson 360 Heurist などが挙げられる。販売当初は種類も少なく，床に落ちているゴミや埃を吸引するだけだった。多くの会社から販売されるようになったことで，さらなる付加価値として，本体内部のゴミを捨てやすくする機能や，床の水拭き機能などが備わったものも販売されている。

③節 無人決済店舗

　社会的・経済的な側面から人材不足やコスト削減が求められている。さらに，2020 年からまん延した COVID-19 の影響を受け，接客の方法も見直されてきている。その中で，コンビニエンスストアにおいて AI を活用する動きがある。それが無人決済店舗である。会計処理を自分で行うセルフレジが増えてきているが，それよりもさらに一歩進んだ無人決済店舗が開店した。実際の例として挙げられるのが，高輪ゲートウェイ駅構内に開店した「TOUCH TO GO」である。（株）TOUCH TO GO が開発したシステムでは，店内に設置されたセンサカメラ，商品陳列棚に設置された重量センサなどから得られる情報を組み合わせることで，誰がどの商品を手に取ったのか判断することができる。ここでの AI の役割は，対象となる客が何を買うのか，買うのをやめて棚に戻したものはなにか，といった判断の精度を高

（株）TOCH TO GO

図 12-3　無人コンビニ

めることにある。これにより買い物客は出口で，手に取った商品と画面で表示された商品が同じであるかを確認して代金を支払うことになる。このシステムにより「はいる・とる・でる」というシンプルな流れで買い物が可能となっている。この他にもマンションの共有スペースを対象にした Store600 や米国の Amazon Go などもある。Amazon Go の場合は Amazon 社のアカウントに紐づけされたクレジットカードから自動的に決済されるシステムとなっている。また，日本の大手コンビニエンスストアであるファミリーマート社が，（株）TOUCH TO GO と共同開発した無人決済店舗を拡大していく方針を打ち出しているなどさらなる広がりを見せている。

4節 チャットボット

　AI は勝手に動作するものというイメージが強いかもしれない。いつの間にか利用してしまっている場合が多いこともその一因と言える。一方で AI と直接対話しながら問題解決を促していくシステムがある。それが**チャットボット**である。オンラインで何か買い物をするときやサービスを受けるときに，ブラウザの下部に小さなアプリが起動して，「何か質問はないか？」と尋ねてくるのを見たことはないだろうか。これがチャットボットにあたる。AI の技術的な発達とともに，自然言語処理技術が発展したことで，人間と AI が会話できるようなツールに

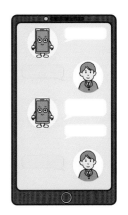

図 12-4　チャットボット

コラム ELIZA 〜チャットボットの元祖〜

　チャットボットの歴史は意外に古い。1966 年に発明された ELIZA（イライザ）がその元祖と言われている。ELIZA は，あらかじめ登録されたキーワードとそれを利用した質問・回答パターンを用意した自然言語処理可能なアプリケーションであった。人が文章を入力すると，ELIZA は入力された文字列に含まれるキーワードを探し，返答用のテンプレートを利用して回答する。入力された文字列によっては，自然な会話になることがあり，ELIZA が公開された当時，機械が言葉を理解したと思われたこともあった。

なっている。この技術が発展し，1節に事例を挙げた AI アシスタントへとつながっていく。

　医療診断用のチャットボットが英国で活用されている。英国の医療スタートアップである Babylon Health 社により開発された[3]。スマートフォン向けの医療診断チャットボットアプリでは患者が入力した症状から，AI が問診を進行するものとなっている。吹き出し型の対話形式を採っており，問診を進めていくと，最終的に症状に関するアドバイスが表示される。当然この AI は医師の資格を持つわけではないため，あくまで相談の域にとどまるものとなるが，患者自身の判断のきっかけになりつつある。これまでは，自分の健康状態がどうなのかを病院に行かないと判断できなかったが，今は病院に行くかどうかの判断材料として事前に利用することができるようになった。誰にどう相談していいのか分からないという場合にも活用することができるという利点も持っている。

5 節　自動翻訳

　機械翻訳とは，コンピュータが言語を別の言語に変換することをいう。語句や文章に一番近い訳が提示されるシステムだが，そこにディープラーニングを利用することで，文章の自然さが向上した。また，コンピュータの処理能力の向上も合わさって，多言語への変換が短時間で行えるようになっている。

　2017 年に誕生したオンラインの外国語自動翻訳ツール「DeepL」がその精度の高さで話題になった。DeepL は，開発した翻訳検索エンジンと公開していたオンライン辞書とをもとにして作られた対話データを利用している。このデータを AI がニューラルネットワークで学習し，翻訳を行う仕組みである。DeepL が開発さ

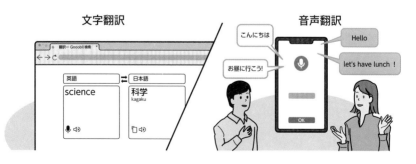

図 12-5　自動翻訳

れる前に利用されていた機械翻訳と比べて，非常に自然で流暢な翻訳文が生成できることで高い評価を受けた。これ以外にも日常会話で利用できるような音声翻訳デバイスやアプリの開発も進められている。例えば，ソースネクスト社のPOCKETALK が製品として売られており，海外旅行中における Wi-Fi 端末のレンタルオプションに利用されていたりする。また，国立研究開発法人情報通信研究機構によって開発が進められている VoiceTra というアプリもある[4]。ディープラーニングを利用することで，翻訳の精度を上げるとともに，音声認識や自然言語処理などとあわせて，高精度な翻訳につながっている。これにより，個人的な旅行なども，言語の壁を感じることなく，楽しめるようになってきている。

6節 ボードゲーム

　ボードゲームの中でも，将棋，囲碁，チェスで人と AI との勝負が取り上げられることが多く，AI を利用したプログラムが作られていることは知っている人も多いだろう。DeepMind Technologies 社の AlphaGo が 2016 年に，当時世界最強とされていた囲碁のプロ棋士との勝負に勝利したことが話題となった[5]。チェスの世界では，**オープンソース***1 で開発された Stockfish[6]，将棋の世界では瀧澤誠により開発された Elmo が有名である[7]。2017 年には，AlphaGo の AI 等の改良が進められ，AlphaGo Zero が生まれた。AlphaGo Zero の特徴は，AlphaGo が教師ありの学習を利用していたのに対して，教師なし学習を採用していた点にある。つまり，基本的なゲームのルールのみを知っている状態から AI が自身で学習していくため，過去の勝負データを必要としない。さらに，AlphaGo Zero から一般化することを目指し，AlphaZero が開発された。AlphaZero は囲碁だけにとどまらず，チェスと将棋ができるようになっており，それぞれのボードゲームのルールのみを与えた状態で学習を重ねた。学習を完了した AlphaZero に，Stockfish，Elmo，AlphaGo Zero とそれぞれ先攻後攻を切り替えて 50 回対戦させたところ，どのケースでも AlphaZero が他の AI に勝ち越した。

　2020 年になると，Alpha の開発者が集まり，新しく MuZero というボードゲーム用の AI が開発された。AlphaZero は，ゲームのルールを事前に知っている環境

---

*1 　**オープンソース**　コンピュータソフトウェアの設計図であるソースコードが無償で公開されているものをいう。目的を問わず利用，修正，頒布でき，かつそれを利用する個人や団体の努力，利益を遮ることがない状態である。

図 12-6　AlphaZero の戦果

でしか利用できないが，MuZero では，ゲームの進め方といった基本的なルールすらも知らない状態から学習を開始し，ルールを含めて全てを自分自身で学習することができるようになった。MuZero が AlphaZero を超える強さに達したことも報告されている。

🔍調べてみよう

　普段の生活の中で使用する AI 技術は，たくさん存在する。AI 自体の学習方法は 3 種類存在する（→ 11 章）が，どれくらいの学習を重ねると，完了することになるのだろうか。教師あり学習を例にすると，学習用に与えられたデータに偏りがあったり，十分なデータ量がなかったりすると，過学習という状態になってしまう。この過学習とはどんな状態か，これが起こるとどうなるのか，回避するためにどうしたらいいのかなどを調べてみよう。

参考文献

[1] ITMedia「「ルンバ」の動きは"ランダム"ではない──米 iRobot、コリン・アングル CEO の哲学」 https://www.itmedia.co.jp/lifestyle/articles/1411/11/news106.html　（2023 年 6 月閲覧）
[2] AI と人間の知能論第 8 回「AI は何を見て、何を考え、どう動くのか 「ルンバ」の仕組みと「環世界」」https://smbiz.asahi.com/article/14617320　（2023 年 6 月閲覧）
[3] Babylon Health　https://www.babylonhealth.com/en-gb　（2023 年 6 月閲覧）
[4] 国立研究開発法人　情報通信研究機構　VoiceTra　https://voicetra.nict.go.jp/　（2023 年 6 月閲覧）
[5] AlfaGo/AlphaZero　https://www.deepmind.com/　（2023 年 6 月閲覧）
[6] Stockfish　https://stockfishchess.org/　（2023 年 6 月閲覧）
[7] D. Silver *et al.*, "Mastering Chess and Shogi by Self-Play with a General Reinforcement Learning Algorithm". arXiv:1712.0181, December, 2017

第**13**章

AI による社会のアップデート

　AI は社会においても様々な場面で活用されている。では，どのように利用されているのだろうか。

　この章では，社会で活用されている AI を自動車走行，農作業，医療の 3 つの視点で見ていこう。AI を社会で使うためには，より慎重さが求められるため複数の技術を組み合わせた AI サービスが必要となる。そのため，完全に AI のみに任せているシステムはまだ存在していないが，本書執筆時の 2022 年当初の時点でどこまで進歩しているのかを見てみよう。

1 節 移動における AI の利活用

1 項 AI による交通支援 [1]

　自動車は長距離を移動できる手段であり，生活に欠かせない。特に，高齢者にとっては生活する上での必要な道具のひとつとなっている。しかし，高齢者による自動車の運転ミスがあとを絶たない。現状では免許返納などの手段を取ってしまうと自動車という移動手段をなくしてしまうことになり，生活が困難となるため難しい。地域のコミュニティバスの運行などで改善を進めるところもあるが，コスト面や運行条件など課題は多い。この交通手段（移動のための足）が断たれてしまう問題を解決するための手段のひとつとして，**自動運転技術**が着目されている。

　国内外で自動運転に関する技術開発は盛んに進められている。例えば，米国では，限られた条件下ではあるが，完全自動運転や駐車場で自動車を自動で呼び寄せる機能などの検証が行われている。日本では，運転中にハンドルから手を放す行為自体が禁止されているため，完全自動運転は実用化されていない。しかし，白線認識技術を利用した走行レーンのはみ出しを防止したり（レーン・キープ・アシスト），車線変更したり，前方の自動車と距離を一定に保つ機能（アクティブ・クルーズ・コントロール）などが実装された自動車が販売されている。

　自動運転と AI はどのように関わっているのだろうか。自動運転という言葉からは，人が全く操作しないようなイメージを持つかもしれない。しかし，自動運転は，全て人が操作するものをレベル 0 として最大レベル 5 までの 6 段階に分けられている。執筆時の 2023 年時点での標準的な自動車はレベル 2 であり，2023 年 4 月に行われた道路交通法の改正において，レベル 4 までの実用ができる。市場では 2021 年 3 月からレベル 3 の自動車が実際に販売されている。

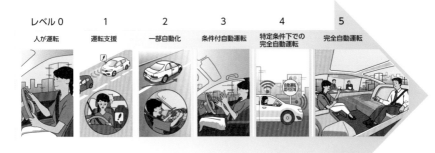

レベル 0	1	2	3	4	5
人が運転	運転支援	一部自動化	条件付自動運転	特定条件下での完全自動運転	完全自動運転

図 13-1　自動運転レベル

それぞれのレベルごとに AI との関連を見てみる。

レベル 2 までは AI は運転の補助を行う。ハンドル操作や加減速の支援を AI が行うレーン・キープ・アシストがレベル 1，ハンドル操作と同時にアクセルやブレーキ操作を AI が支援するアクティブ・クルーズ・コントロールがレベル 2 に当たる。

レベル 3 以降では AI が積極的に運転に関わる。AI が基本的な運転を行い，緊急時は人が運転を行うのがレベル 3，人はほとんど関与せず運転は AI 主体となるのがレベル 4 とレベル 5 である。レベル 4 とレベル 5 の違いは，自動運転に当たって一定条件下であるか否かの違いである。

現状としては，レベル 4 の認可がおりたばかりであるため，AI が主体となる走行に至ってはいないが，そこに向けた実証実験が国土交通省主体で進められている。その例をいくつか紹介する。

2 項　遠隔型自動運転システム〜マーカーの利用〜 [2]

経済産業省および国土交通省が，2021 年 3 月 25 日から自動運転レベル 3 の認可を受けた遠隔型自動運転システムによる無人自動運転移動サービスを開始した。先だって運転手 1 名が遠隔で 3 台の自動運転車を常時監視・操作する方式(レベル 2)での試験運行(ラストマイル自動走行の実証評価)を進めていたが，さらなる高度化を進めるため，レベル 3 の認可を受けた運行が開始された。このプロジェクトは，「ZEN drive Pilot」と呼ばれ，運行は福井県永平寺町で行われている。レベル 3 にアップグレードされたことで，自動運行装置として認可されることとなり，車内の保安要員を外した状態での運用が可能となった。ZEN drive Pilot は，道路に敷設した電磁誘導線上を追従しながら周辺の交通状況を監視するとともに，運転者に代わって運転操作を行う。なお，最大速度 12km/h で自動走行する装置となっている。

今後はより高いレベル(レベル 4 など)に向けて開発・評価が行われていく予定である*1。

1人の遠隔監視・操作者が 3 台の
無人自動運転車両を運行

通信

遠隔監視・操作室

国土交通省 永平寺町

図 13-2　自動運転システム（マーカーの利用）

＊1　2023 年 4 月ごろからレベル 4 の実地検証が始まった。

3 項　遠隔自動運転システムと遠隔監視〜位置情報と画像の利用〜

　BOLDLY（株）は，ソフトバンク（株）の子会社で，自動運転車に関連するサービスを運営している会社である。運転手の高齢化や人材不足などの課題を解決するために，自動運転技術を活用した持続可能な公共交通の実現に向けて取り組んでいる。茨城県境町をはじめ全国4カ所で社会実装されている仏製の自動運転バスは，2項で述べた自動運転とは異なり，人工衛星などを利用した高精度な位置の把握，車に取り付けられたセンサを用いた周辺環境の把握，慣性計測装置を利用した走行状態の把握を行いながら走行するシステムとなっている。また，自動運転車両運行管理プラットフォームを開発・提供しており，自動運転車の走行指示だけではなく，車内の状態監視，緊急時対応や走行可否の判断などを支援する機能を備えている。さらに，走行中の車内で乗客が座席を離れて移動するのをAIで検知する機能も開発しており，遠隔監視者の業務を支援すると同時に，乗客にとって安全な運行に役立てられている。

BOLDLY（株）

図 13-3　茨城県境町の自動運転バス

❓ 考えてみよう

　レベル4の実証実験が始まっている段階にある自動運転技術だが，レベル4の実用化やレベル5への拡張をするために，どんなことが必要になってくると思うか考えてみよう。

2 節　農業における AI の利活用

1 項　AI による農業支援 [3]

　農業分野では，その担い手の減少や高齢化の進行が大きな課題となっている。農作業は経験を必要とする事がらが多いため，経験者による作業が不可欠で，生産性の劇的な向上が難しい現状がある。この課題の解決に向け，農林水産省は，生産現

場の課題を先端技術で解決する農業分野における Society 5.0 の実現を進めている。その中で注目されているのが**スマート農業**である。スマート農業は，ロボットや AI，IoT などの技術を活用した農業のことをいい，作業の自動化，情報共有の簡易化，計測データの活用などが含まれている。AI の利活用により，農作物の生育や病害を常時監視し予測することで，人の手に頼らない農業，経験がなくとも取り組める環境の実現などが期待されている。トラクターや田植え機，コンバインといった農作業用機械の AI による自動走行や自動作業なども開発され，実際に販売されている。また，農作物の生育状況をセンサで計測し，その情報に基づいて必要な農作業を自動で行うシステムなども開発されている。ここではその例をいくつか紹介する。

2 項　野菜収穫の効率化 [4] [5] [6]

　(株)デンソーにより開発された，AI を組み込んだ自動野菜収穫システムがある。農家の大きな負担のひとつである収穫作業を自動で行うシステムであり，コスト削減や負担軽減につながっている。このシステムでは，障害物検知，作物の検出，熟度判別などといった収穫に向けた各機能に合わせて AI モデルを開発しており，画像認識で判断している。なお，AI モデルを単純に適用するのではなく，ディープラーニングを利用して実環境に合わせる工夫を行っている。さらに 2020 年からは，「スマート大規模農場」として農作業全体の効率化，生産効率の向上につながる技術の開発を進めている。

(株) デンソー，FARO

図 13-4　自動野菜収穫システム

考えてみよう

　農作物栽培を支援する技術のひとつとして AI が利用されている。どのような作物がその支援対象となっているのだろうか。適用可能な作物を調べながら，それ以外の適用できない作物の違いを考えてみよう。

3節　医療における AI の利活用

1項　AI による医療支援 [7]

　画像診断機器の発展にともなう診断技術の向上により，医療現場では様々な画像が利用されている。CT（Computer Tomography：コンピュータ断層撮影法）や MRI（Magnetic Resonance Imaging：核磁気共鳴画像法），超音波画像診断といった手法による分類だけではなく，脳，消化器，呼吸器といった部位別の画像など，利用される分野は多岐にわたる。診断用に撮影された画像と機械学習技術を組み合わせることで，静止画の解析だけではなく，手術中の動画の解析など AI の利活用範囲は広がっている。医療現場の AI が，膨大な数の診断画像の確認や専門家であっても見落としてしまう難しい診断作業などをサポートすることにより，医療従事者の負担が軽減されている。さらに，医療ミスの抑制も期待されている。

　また，創薬の世界でも利用されるようになっている。新薬の開発は一朝一夕でできるものではなく，10 年以上の単位で高額な費用をかけて研究される一方で，作られた薬が実際に販売につながるのはその 2 万〜3 万分の 1 とされるくらい極僅かなものとなっている。ここでは，画像診断と創薬に関する事例を紹介する。

2項　画像診断支援システム [8]

　富士フイルム(株)により，画像診断を支援する AI が開発されている(AI 技術ブランド REiLI)。ディープラーニングを活用した画像認識技術を用いて，富士フイルム(株)が培ってきた綺麗な画像を撮影する技術や複雑な解析を行うための部位分けする技術を基に，疾患と疑われる部分を検出する機能を開発している。さらに，これらを自動的に進められるようにすることで業務効率の向上にもつながっている。

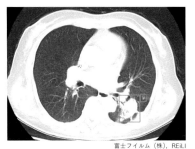

図 13-5 **画像診断による医療支援**

3 項 新薬創出への挑戦 [9] [10]

　中外製薬(株)により，AI を用いた抗体創薬支援技術の開発が進められている。これは，ディープラーニングにより抗体を素早く見つけるための手法であり，その一部成果が論文として報告されている。創薬プロセスを変え，新薬候補の創出や創薬成功の確率向上などが期待されている。

　また，NEC Corp. が製薬企業や感染症流行対策イノベーション連合(CEPI：Coalition for Epidemic Preparedness Innovations)と連携し，COVID-19 とその近縁種に有効な次世代ワクチン開発を開始している。NEC Corp. が持つ AI を用いたワクチン設計技術と知見を活かし，グローバルヘルスに寄与することが期待されている。

コラム AI ドクターはありえる？

　SF 映画や SF ドラマで高度な人工知能が患者の身体を検査し，病気を可視化する様子が描かれたりしている。これはフィクションの世界ではあるが，AI が技術として発展している中，AI 自身が医師の手助けなく診断をするシステムが存在している。自律型 AI による診断システムが，米国で 2018 年に FDA に承認された。

導入

社会における
データ・AI利活用

3 節　医療における AI の利活用　**117**

例えば自動運転技術では安全な運用に向けて，仮説検証したり，その結果の原因究明を繰り返したりしながら，AI が利活用されている。そのほかにも，人の負担になる部分の活動を代替したり，医学的に判断の難しいところを支援したり，その治療に向けた計画策定を支援したりなど，AI の活躍の場はますます拡大している。このように，活躍が期待される分野は多くの情報を同時に処理していくことが求められることが多い。この問題の解決には，複数の技術を組み合わせた AI サービスが必要になる。そのためには，ひとつひとつの技術を着実に開発していくことが大切である。

今後さらに AI が使い込まれていくことで，知識の収集だけではなく発見や新たな価値の生成につながることが期待される。

参考文献

[1] 国土交通省「自動運転を巡る動き」
https://www.mlit.go.jp/common/001155023.pdf （2023 年 6 月閲覧）
[2] 経済産業省「国内初！　レベル 3 の認可を受けた遠隔型自動運転システムによる無人自動運転移動サービスを開始します」(2021 年 3 月 23 日)
https://www.meti.go.jp/press/2020/03/20210323006/20210323006.html(2023 年 6 月閲覧)
[3] 農林水産省「農業データ連携基盤について」
https://www.maff.go.jp/j/kanbo/smart/attach/pdf/index-44.pdf （2023 年 6 月閲覧）
[4] 株式会社デンソー「果実収穫ロボットのプロトタイプを開発」
https://www.denso.com/jp/ja/news/newsroom/2020/20201223-01/ （2023 年 6 月閲覧）
[5] 株式会社デンソー「AI の「眼」を持つロボットが、農業の新たな地平を開く」
https://www.denso.com/jp/ja/driven-base/tech-design/robot/ （2023 年 6 月閲覧）
[6] 株式会社デンソー「あらゆる人が活躍できる場、「スマート大規模農場」とは？」
https://www.denso.com/jp/ja/driven-base/tech-design/smart-large-scale-greenhouse/
(2023 年 6 月閲覧)
[7] 村垣 善浩，スマート医療テクノロジー，株式会社エヌ・ティー・エス，2019
[8] 富士フイルム株式会社 REiLI　https://reili.fujifilm.com/ja/#home （2023 年 6 月閲覧）
[9] 中外製薬株式会社「中外製薬の人工知能（AI）を用いた抗体創薬支援技術 MALEXA-LI の成果が Scientific Reports に掲載」
https://www.chugai-pharm.co.jp/news/detail/20210322150001_1087.html （2023 年 6 月閲覧）
[10] NEC Corp.「NEC と CEPI、最先端 AI を活用し広範なベータコロナウイルス属に対応する次世代ワクチンの開発を開始」
https://jpn.nec.com/press/202204/20220408_02.html （2023 年 6 月閲覧）

第**14**章

秩序あるデータの重要性

　技術としては「できること」でも，倫理的には懸念がある場合，取り扱いには注意が必要である。法的には違反していなかったとしても，それは技術が新しいために法律が間に合っていない場合もあるため，安易に扱うと危険である。このように技術に社会が追い付いていないとき，私たち自身の倫理観を高めることが求められる。

　この章では，AI時代の今，見直されつつあるルールを見ながら，まだ対応しきれていない課題について考えていこう。

1 節 AI・データサイエンス時代のプライバシー保護

個人情報保護法では，個人情報を「生存する個人に関する情報であり，当該情報に含まれる氏名，生年月日その他の記述等により特定の個人を識別することができるもの」と定めている。個人情報は，アンケートやサービスの利用登録など，求められて記入することも多いのではないだろうか。私たちは個人情報を教えても良い相手にのみ教えており，またそれらは他者に勝手に渡ることがないよう，個人情報保護法によって守られている。しかし，個人情報保護法で定義されている情報を守るだけでは不十分で，知らないうちに個人を特定されてしまうこともある。

位置情報は個人情報と言えるだろうか。これだけでは個人を特定できないから，単なる位置情報自体は個人情報とは言えない。しかし，例えば位置情報を一定期間，連続的に取得し続けられたとしたらどうだろう。平日の日中を除く時間にとどまり続ける場所があれば，おそらくそこが自宅だろう。同じように学校や勤務先も分かり，さらに別の情報を参照すれば名前や電話番号もわかってしまうかもしれない。このように，個人情報を直接入手していないにもかかわらず，いくつかの情報どうしを突き合わせたり推測したりすることで，個人を特定できてしまう。このことからも，情報を発信するときにはどんなものであってもプライバシー保護の観点から注意が必要と言えるだろう。

本章では，技術の進歩に比例するように情報の扱い方についての注意事項が増えていることについて説明する。実社会に合うように法律などは見直されつつあるが，まだ実態に追いついておらず，その取り扱いに当たっては私たちの倫理観を頼りにしている問題が多くあることも知ろう。

1 項 顧客に合わせた広告表示とプライバシー保護

ウェブブラウザには **Cookie（クッキー）** という技術によって，一時的に Web ページの閲覧履歴や各 Web ページのログイン情報が記録されており，インターネットの利用を便利にしている。

4 章では EC サイト内で関連商品が推薦されるシステムについて取り上げたが，その EC サイトとは別の Web ページで関連商品の広告が表示されたことはないだろうか。このように，ウェブマーケティングでは特定の Web ページを訪問したことがあるユーザに限定して広告を配信する手法がある。これを**リマーケティング広告**（あるいは，**リターゲティング広告**）という。この手法の仕組みに Cookie が利用されている。広告主である A 社の Web ページを訪問すると，ユーザのウェブブラ

ウザには「A 社の Web ページを閲覧した」というデータが残る。これをもとに広告を表示することでA社の商品に興味がありそうなユーザに絞って広告を表示できる。広告費用を抑えつつ利益を上げうる合理的な手法といえる。

あの時は・・・

図 14-1 リマーケティング広告

しかし，これは Cookie の利用を許可すれば知らないうちにプライバシーにかかわる情報を把握されてしまうことでもある。このリスクが顕在化したことにより，2020 年前後からプライバシー保護に関する規制が見直されるようになった。特に欧州では規制が厳しくなり，2018 年 5 月には **GDPR**（EU 一般データ保護規則）が施行された。GDPR では，Cookie なども個人データとみなされ，規制の対象となった。GDPR により事業者が EU（欧州連合）を含む欧州経済領域(European Economic Area：EEA)内で Cookie を利用するには，ユーザからの同意が必要になった。

ユーザの行動の追跡を防ぐことを**アンチトラッキング**と呼ぶ。Apple 社のiPhone では，2021 年 4 月よりリリースした iOS 14.5 以降から，「他社の App やWeb サイトを横断してあなたのアクティビティを追跡することを許可しますか？」などと聞くようになった。これは，ユーザへの同意を取得した上で Cookie情報を利用するためのものである。さらに GDPR は，EEA 内で取得した個人データを EEA 域外へ持ち出すことを原則禁止している。

また，GDPR では，事業者は個人データの収集目的に対して必要のない情報を収集しないことや，個人データの提供を拒否した[1] 利用者にも十分なサービスを

データ・AI 利用における留意事項

＊1　Cookie 機能の停止や個人データの提供を拒否することを**オプトアウト**と言う。拒否する場合は利用者側のアクションを必要とする。逆に，あらかじめ利用者が情報提供を許可することを**オプトイン**と言い，許可する場合にアクションを必要とする。GDPR ではオプトイン方式にすることが定められている。

提供すること，利用者に情報収集の許可を取り消されデータの消去を求められた場合は速やかに応じること（**消去の権利**，または**忘れられる権利**とも呼ばれる）などが定められている。

　GDPR 施行初日，米国 Google 社，そして Meta 社の Facebook と Instagram は，新しいプライバシーポリシーが GDPR を侵害していると提訴された。Yahoo! Japan は，GDPR への抵触はしていないものの，サービスの再設計等との採算が合わないとして EEA 内でのサービス事業の中止を決めた[1]。

2 項　時代の流れに合わせた個人情報保護法の改正

　2020 年には米国カリフォルニア州でも CCPA（カリフォルニア州消費者プライバシー法）が施行され，GDPR よりもさらに広い範囲にわたるデータが対象とされた。中国，韓国，シンガポールなどでも個人情報に関する法律改正が進んでいる。海外での規制が広がる中で，日本でも個人情報保護法が改正され，2022 年 4 月より施行された。

　改正法についてのポイントは 2 つある。ひとつは，指紋や顔といった身体的特徴のデータや，パスポートや運転免許証番号，マイナンバー（個人番号）などの個人に割り当てられたデータも個人情報に含まれることが明確化された。本人確認が必要な場面が増え，これらの情報も含めて守られるべきとの考えが反映されたためである。また，それらが漏えいしてしまうことへの対策も検討され，不正利用時の刑事罰も強化された。

　もうひとつは，情報の第三者提供にかかわる規制の強化である。改正法では，第三者に情報を提供するとき，例え氏名等の個人情報を削除するなどの加工をして個人情報を含まない状態にしても規制の対象となることが加わった。これらの情報は，提供した先が保有する複数の情報を組み合わせることで個人を特定できてしまうため対象となった。この規制の強化にともない，第三者に情報を提供することに関しては，原則として本人の同意が必要となった。

　Cookie の取り扱いに関しては議論の途中での施行となった。Cookie 単体では個人を識別できないため個人情報ではないとしつつも，個人に関連する情報であることから，改正法では**個人関連情報**として規制の対象とされた。この規制により，Web ページを閲覧するとポップアップ表示などで，ユーザが Cookie 情報の取得に同意するかを選択できるように対策する企業が増えた。

　これらの取り組みによって，ユーザの同意を得る前に Cookie 情報を取得することは避けるべきであるという考えが社会に浸透しつつある。また，Web ページを

利用し続けることをもって同意とみなす「みなし同意」は本質的な同意とは言えないため，法の趣旨に反しているやり方だという認識も広がりつつある(図14-2)。GDPR 施行直後の訴訟では「Cookie 情報の取得に同意しなければサービスが利用できないのは GDPR に違反している」という指摘があった。みなし同意も避けるべきではないだろうか。

🔍 調べてみよう

2022 年 6 月に公布された**電気通信事業法**改正に Cookie に関する規制が盛り込まれるなど，今後も社会情勢に合わせて規制が追加されようとしている。国内外での規制の現状について調べてみよう。

図 14-2　Cookie の使用に関する同意画面の例

> **コラム　就活情報サイトにおける個人情報の扱いと個人情報保護法の改正**
>
> 2019 年 8 月，就活情報サイト A が就活生本人の十分な同意を得ずに就活生の内定辞退率を予測し，一部の企業に販売していたことが報道された。問題点は，例えば企業 B が付与した応募者 ID と情報サイト A の Cookie とを組み合わせることによって，特定の個人を識別しない形で内定辞退率は算出できてしまうところにある。確かに就活情報サイト A では個人を識別できないように加工したが，企業 B では応募者 ID によって個人を特定可能であったことから特に問題視された。
>
> 「法の趣旨を潜脱した極めて不適切なサービスを行っていた」として就活情報サイト A は個人情報保護委員会から勧告を受けた。このようなケースも教訓となり，個人情報保護法の改正に活かされたと言われる。

2節 データと真摯に向き合う

1項 統計不正の大問題　〜恣意的なデータの危うさ〜

　情報の改ざんや調査方法の不正が，なぜ重大な問題なのだろうか。

　厚生労働省が行っている「毎月勤労統計調査」は原則として全数調査で行わなければならない。しかし 2018 年 12 月，この調査を標本調査で行っていたことが発覚した。2019 年 1 月には，同省の「賃金構造基本統計調査」で再び問題が発覚した。この調査では調査員が直接訪問して調査する原則となっていたが，これを破り郵送調査で代用していたことが明らかになった。このようなルール違反が相次いで報じられたことを受け，56 ある**基幹統計***2 の一斉点検が行われた。すると数値ミスや集計の遅れ，決裁文書の改ざん(いわゆる「森友学園問題」)が明らかとなった。2021 年 12 月には，国土交通省の「建設工事受注動態統計」で「消しゴムで消して上書きする」などの書き換えが常態化していたことが発覚した。これらはなぜ大きく騒がれるのだろうか。

　国が調査する**公的統計**の中でも特に重要なものを基幹統計という。基幹統計は，景気の良し悪しを判断したり国の今後の方針を決めたりするための根拠となる重要なデータである。民間企業では経営判断に用い，学術研究では国内外の経済状況に関する分析にも使われる。そのため同じ方法で定期的に積み重ねることで変化を追っていくことができる点も大切な要素である。このように非常に重要なデータであるため，**統計法**という法律によって調査の目的や方法などが厳しく定められており，嘘の報告をすれば罰則規定もある。

　統計法は 1947 年に公布された。これほど厳格に定められるようになったのは，第二次世界大戦の反省のためとも言われる。戦前の日本では情報統制のために統計が隠されたり，歪められたりと，統計を軽視していた。1941 年頃，旧日本軍の会議で対英米戦の経済戦力の比較に関して議論し「日本は持久戦には耐え難い」と報告した者がいた。その根拠とする統計調査や分析は正しかったにもかかわらず「国策と反する」という理由でその報告は無視された。その結果日本が悲しい歴史を築いてしまったことは学んでいると思う。これが直接の原因ではないかもしれないが，戦後，客観的データを大切にしようという思いにつながり，統計法は制定された。

　このような理念を掲げて法で定めていたものの，法律ができてから 70 年以上経ち，上記のような不正が発覚した。その原因として，次のような要因が考えられる。

....

*2　**基幹統計**　例えば労働力統計，人口動態統計，建設着工統計，作物統計などがある。

- 現場にとっては調査方法や報告が大変負担であったこと
- 調査の重要性が伝わっていなかったこと
- 不正が起きても発覚しづらい調査設計であったこと
- 統計分析を審査する職員に専門知識が欠けていたこと
- 日本国内には専門家が著しく不足していること

　しかし，例えどんな理由があろうと，公的統計のデータがねつ造されていたことは，日本という国そのものへの信頼が国際社会の中で揺らぐことになる。

　2009年，ギリシャでは財政赤字が過少に申告されていたことが分かった。これが投資家の信頼を失い，ギリシャの国債は暴落して国家が破綻寸前となった。その余波は周辺国にも広がり，ユーロ危機を招いたという実例がある。

　虚偽の報告は，国内だけでなく国際情勢にも影響しかねない。嘘のデータでは，データサイエンスを正しく用いても意味をなさなくなる。

2 項　これからの対策

　世界的な流れとして，**EBPM**（Evidence-Based Policy Making：証拠に基づく政策立案）が注目されている。EBPMとは，「政策の企画立案をその場限りのエピソードに頼るのではなく，政策目的を明確化したうえで合理的根拠（**エビデンス***3)）に基づくものとする」とされている[2]。つまり，政策の必要性を検討するために現状を把握したり，政策の効果を測定したり，論理的な政策を立案したりすることを，客観的なデータに基づいて行うことが求められている。

　医療業界では証拠に基づく医療（Evidence-Based Medicine：EBM）が，民間企業では証拠に基づく経営（Evidence-Based Management：EBM）が広がっている。一方で大規模なデータ改ざん問題も度々報道される。自動車業界ではエンジンや燃費のデータが，鉄鋼業界では金属製品の品質データが，それぞれ改ざんされていたことが報道された。データの改ざんは場合によっては消費者の安全を脅かすことにつながる。このような不正や改ざんが起こらないように見張る意味でも，国民全員が統計に関するリテラシーを高めることが期待される。

　調査を実施したりデータを分析したりする際には，ルールに則って正しく調査・分析することが求められる。また，公表されたデータをあとから疑うことは難しいため，データを提供する際には，改ざんせず，データに真摯に向き合うことが求め

心得　データ・AI利活用における留意事項

・・・

＊3　**エビデンス**　科学的根拠のこと。判断の根拠となる客観的データを指す。

られる。チェック体制の強化とそのような人材の育成に注力する必要があるだろう。

③節 信頼できる人工知能を目指して

　AI，特にディープラーニングでは，人間とは異なるプロセスであたかも人間が行ったような判断や推論がなされる。AI は猫の画像を判別することができるようになったが（→ 5 章），人間は AI と違い，いちいち画像をピクセル単位で細かに観察している意識はない。このように AI の処理過程は人間には理解しがたい。では，人間と同じ結果が導けるなら，処理過程に説明がつかなくても問題ないだろうか。

　例えば医療業界では AI による画像診断も実用化に向かっている（→ 13 章）。予測精度が高い，といくら説明されても，なぜそのような診断を下したのかが分からなければ，患者は安心できるだろうか。もし誤った診断を下したために重大な医療ミスが起きても，原因究明もできなければ，責任の追及もできないかもしれない。

　2015 年，「Google フォト」では AI を使って画像にタグ付けする機能があった。あるとき，自分の友人である女性が "ゴリラ" とタグ付けされている，と投稿した男性がいた。なぜこのようなことが起きたのだろうか。例えば AI に学習させるデータセットに偏りが見られれば起こり得てしまう（**アルゴリズムバイアス**）。このようにデータセットを適切に用意できないと AI では判断が偏ってしまう。

　Amazon 社では，AI を活用した人材採用システムに「女性を差別する機械学習の欠陥」が判明したとしてこのシステムを利用した採用を打ち切った。この「欠陥」は過去に採用した人材の履歴書のパターンを学習させたために起きた。一見して問題なさそうなデータセットだが，技術職採用ではそれまでほとんどが男性であったため，AI は男性に優秀な人が多いという偏った学習をしてしまい，履歴書に「女性」とあれば評価が下がる傾向が見られたという。

　Google 社も Amazon 社も，意図せず AI が差別的な判断をしてしまった事例である。AI が下した判断の理由を説明できないままでは，なぜ AI は誤った判断を下したのかわからず，対策が取れない。AI に任せていたので差別的判断をしていたことに気づかなかったという言い訳は受け入れられない。**説明可能性**[*4] は，AI の**信頼性**[*5] にとって重要である。

＊ 4　**説明可能性**　説明可能な AI（Explainable artificial intelligence: XAI）ともいう。
＊ 5　**信頼性**　信頼される AI（Trustworthy AI）ともいう。

AIの活用には，倫理性も求められている。個人情報保護法は，個人情報の適正かつ効果的な活用と，個人の権利・権益保護を両立させることを目的としている。同じようにAIも，その活用と個人の権利・権益保護を両立させることが求められている。プライバシーにかかわる情報が本人の望まない形で流通したり，利用されたりすることは，その個人にとっては不利益だと言える。昨今は，性別や人種などに対する多様性への配慮，差別防止などの倫理性も重視されている。

AIの信頼性を高めるためには，**透明性***6も重要である。透明性とは，機械学習で用いられるデータセットや学習モデルが提示されるなど，誰にでもはっきり分かるようになっている状態のことをいう。また，ディープラーニング等でAIが学習したり判断したりしたとき，その過程はAIだけでなく人間も理解できるようにし，**ブラックボックス化**(→5章)を避けることが望ましい。AIの"脱ブラックボックス化"に対する社会的ニーズは高まっている。

技術的な不具合によるリスクを最小限に抑え，AIをサイバー攻撃から守る**堅牢性***7も重要である。人間が望まないことはせず，人間のコントロール下にあることが保証されたAIが望まれているのである。AIの信頼性に関する議論は，人間中心の社会を築くためには欠かせない。

 4節 **AI活用における責任の所在**

日本政府は，2019年，「**人間中心のAI社会原則**[3]」(図14-3)を発表した。この基本理念は，次の3つである。

- 人間の尊厳が尊重される社会(Dignity)
- 多様な背景を持つ人々が多様な幸せを追求できる社会(Diversity & Inclusion)
- 持続性ある社会(Sustainability)

1つ目は，AIの活用によって経済的利益を得るだけでなく，AIを人類の公共財とすることによる持続可能な社会の実現，そしてあくまで人間が主体である社会の実現を目指すことである。

2つ目は，多様な価値観を持つ人々を受け入れる社会，当然AIもそれに配慮す

*6　**透明性**　透明なAI(Transparent AI)ともいう。
*7　**堅牢性**　エラーやシステム障害などに柔軟に対応でき，簡単に壊れないこと。

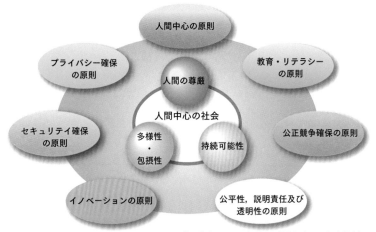

※「AI戦略 2019」の概要と取組状況（2019年内閣府）をもとに作成

図 14-3　人間中心の AI 社会原則

ることが求められている。

　3つ目は，少子高齢社会による人材不足，社会保障費の高騰を，AI の活用によって解消することである。また，SDGs にも関連し，環境破壊や教育格差などの社会問題にも取り組んでいく。

　これらの理念をもとに，7つの社会原則が掲げられた。その概要を説明する。

1. 人間中心の原則

　AI は多様な人々の多様な幸せの追求のために活用される。AI は人間の労働の一部を代替し，人間を補助する。AI をどのように利用するかの判断や，その利用がもたらす結果は，人間が責任を負う。

2. 教育・リテラシーの原則

　格差や弱者を生み出さないために，AI に関する教育機会は，学校だけでなく社会人や高齢者への再教育など，全ての人々に平等に与える。

3. プライバシー確保の原則

　個人にかかわるデータを利用するときは個人の自由・尊厳・平等が侵害されてはならず，個人が不利益を受けることのないようにする。

4. セキュリティ確保の原則

　AI を活用していくとともに，新たなセキュリティリスクの対策を考える。特定の AI に依存せず，社会の持続可能性を確保する。

5. 公正競争確保の原則

AI による利益や社会への影響力が，特定の国・地域，企業に集中しすぎたり，偏りすぎることを防ぐ。

6. 公平性，説明責任及び透明性の原則

AI によって不当な差別を受けることなく，全ての人々が公平に扱われなければならない。AI を利用するときは，AI を利用している事実，データの取得方法や使用方法などを十分に説明する。

7. イノベーションの原則

AI の発展によって人も一緒に進化していくような継続的なイノベーションを目指す。データの利活用のための環境整備や規制改定などを行い，産学官民連携を図る。

　AI の発展には，法律などの規制が追いつかない問題もある。人間中心の AI 社会原則やその理念を共有し，対応がひとりひとりの倫理観に委ねられることも多くある。これから **ELSI**（→ 11 章）に関する意思決定が求められる場面が増えるかもしれない。

　例えば，運転手のいない完全自動運転のタクシーが事故を起こした場合，責任の所在はどこにあるだろうか。自動車の所有者だろうか，自動車メーカーだろうか，開発したエンジニアだろうか。他人の絵画作品を学習させた AI が作品を発表した場合，それは学習した作品を盗用し，著作権を侵害したと言えるのだろうか。AI による作品は誰の著作物なのだろうか。

　技術が進歩したからといってすぐに社会に受け入れられるわけではない。十分な議論が必要な場面はこれからも出てくるかもしれない。

❓考えてみよう

　ブレーキが壊れたトロッコが暴走している。このまま直進すれば線路上の 5 人が轢かれて死ぬ。進路を変えれば 5 人は助かるが，曲がった先にいる 1 人が死ぬことになる。直進すべきか，それとも進路を変えるべきだろうか。これは，「トロッコ問題」という有名な思考実験である。

　これを自動運転の問題に置き換えて考えてみよう[4]。直進すると歩行者 5 人が死ぬが，進路を変えれば壁に激突して運転手 1 名が死ぬとする。さらに複雑な設定を加える。運転手は妊婦で，他に子どもも乗車している。直進した先にいるのは指名手配犯 4 人と 1 匹の犬だった。実はこの 4 人と 1 匹は赤信号なのに横断していた。直進すべきか，進路を変えるべきか[4]。あなたはどう考えるか？

参考文献 ┊┈┈┈

[1] ヤフー株式会社「2022 年 4 月 6 日（水）より Yahoo! JAPAN は欧州経済領域（EEA）およびイギリスからご利用いただけなくなります」
https://privacy.yahoo.co.jp/notice/globalaccess.html（2023 年 6 月閲覧）

[2] 内閣府「内閣府における EBPM への取組」（令和 5 年 4 月）
https://www.cao.go.jp/others/kichou/ebpm/ebpm.html（2023 年 6 月閲覧）

[3] 内閣府「人間中心の AI 社会原則」（平成 31 年 3 月 29 日）
https://www8.cao.go.jp/cstp/aigensoku.pdf（2023 年 6 月閲覧）

[4] WIRED「自律走行車は誰を犠牲にすればいいのか？「トロッコ問題」を巡る新しい課題」
（2019 年 1 月 2 日）
https://wired.jp/2019/01/02/moral-machine/（2023 年 6 月閲覧）

第 **15** 章

これからの学びに向けて

　AI を活用することで，私たちだけで行うよりも効率よくできることがある。
一方で，人間にしかできないこともある。両者の得意なことと不得意なこと
を念頭に置いて，周りに溢れている AI と共に暮らすためにはどうしたら良
いのか考えなくてはならない。

　AI の仕組みを知り，AI をうまく使いこなすスキルを磨いてほしい。そして，
これから何を学ぶべきかを考えてほしい。

1節 データサイエンスのこれから

AI もデータサイエンスも，様々な分野と融合することでさらなる発展や新たな価値を創出する可能性がある。そのため，誰もが良く学ぶべきであり，例え使いこなせなくても知識として持っているだけで大きな違いとなる。では，これまでにどのような分野で融合されてきただろうか。

古文書の"くずし字"を AI によって学習させ，元のくずし字と変換後の文字とを比較しながら読むことができるアプリがある[1]。古文書に慣れない初学者が読みやすくなるのはもちろん，読み慣れている専門家も短時間で多くの史料を読むことができるようになる。AI に学習させるためのくずし字のデータセットは，国文学研究資料館が公開したものだという。他にも，絵巻物に描かれる顔の部分のみを切り取って収集したデータコレクションも公開されている[2]。これを AI に学習させれば，初心者にはどの顔が誰なのかが分かりづらい絵巻物も読みやすくなるのはもちろん，同じ人物でも描き方が異なったり特徴の共通点を見出したりするといった美術史としての楽しみ方もできるだろう。

政治の分野では Twitter のビッグデータを用いたアプローチを研究する事例がある。2013 年の法改正により，インターネットを利用した選挙活動が解禁され，政党や候補者が Twitter で発信することが当たり前になった。それをリツイート（転載）して拡散し，各政党が掲げる政策に対する期待を語ることもあるだろう。各政党の公式アカウントのツイート数やリツイート数を比較したり，特定のキーワード（例えば「選挙」や「＃参院選 2022」など）を含むツイートを抽出して，どんな言葉が多く使われているかを統計的に分析すれば，国民・市民が何に関心を持っているのかが分かるだろう。

あなたはどんな分野に関心があるだろうか。そこに AI やデータサイエンスが加わると，どんなアプローチがあり得るだろうか。

2節 AI と労働問題　〜 AI は人間を超えたか〜

2015 年に野村総合研究所と英国オックスフォード大学が行った共同研究で，2030 年頃には労働人口のおよそ半分が AI で代替可能になると報告された[3]。この発表により，「AI が人間の仕事を奪うのではないか」と騒然となった。このような大きな転換点やそれによって社会に変化を与える概念を**シンギュラリティ**という。

報告書によれば，代替可能性が低い仕事は創造性や協調性が必要な業務であり，そのような職業としてマンガ家，作曲家，映画監督などが挙げられた。しかし，これらの職業でも既にAIで代替されているものがあるように思えるのではないだろうか。

　本書を振り返れば，AIには様々な課題があることが分かると思う。一方で，AIに関するニュースなどを見聞きすると，AIは既に私たちの知能を超えたように思ってしまうかもしれない。実際に創造力の産物とも言える漫画やアニメ，絵画，小説，作曲などにAIが活用されている。AIがストーリーの骨子（プロット）を作成したり，AIに特定のアーティストに似せた楽曲を制作させたりといった事例などがある。AIが描いたという絵の中には秀逸なものもあり，漫画家は廃業してしまうのではないかという声も聞かれる。

　しかし，現在のAIはなんでもできるわけではなく，人間の知能を超えてはいないとも言われる。AIには意識や知性があるかという観点から生まれた分類が，**強いAI**と**弱いAI**である。強いAI（Strong AI）とは，人間のような知能や意識を持つものを言い，弱いAI（Weak AI）とは，人間の知能に代わってその一部を代替する機械を言う。強いAIは"ドラえもん"をイメージすると良いだろう。ロボットのはずだが，人と対等なコミュニケーションを取り，意識があるように見える。弱いAIはApple社のSiriをはじめ，音声認識や画像認識などを利用したもの，人の意思決定を支援するものである。現在のAIは人間のような知能を持っていない弱いAIということになる。

　課題処理の観点では**汎用型AI**と**特化型AI**に分類できる。汎用型AIは幅広い分野に対応していて，その場に合わせて適切な役割を担い，取るべき行動を自ら判断できるものを言う。特化型AIはある作業や領域を限定して処理するものを言う。実用化されているAIの多くは特化型AIであるが，2020年にはGPT-3（OpenAI）が汎用型AIの試みとして登場した。強いAIと汎用型AI，弱いAIと特化型AIは，観点は異なるもののよく似ている。

　人間が創作したように見えるものであっても，現在のAIには感情はなく，創作意欲もなく，制作したものに込める"想い"もない。そのため作ったものはAI自身にとって意味はなく，ただの数字の羅列でしかない。物に対して"意味付ける"のは常に人間である。AIの作品に対して「素晴らしい」と評価するのは人間であり，「これは実際にみんなに見てもらおう」と相手を想像して作品を広めたいと判断するのも人間である。AIはそれができない。

　考えてみれば，AIに限らず新しい技術が一般に広まったときも，失われた仕事

はあったはずである。帳簿の計算はそろばんから電卓になり，電卓の代わりにコンピュータで自動化するようになった。同じように AI は，人間の生活を支える道具にすぎない。道具は，上手に使いこなせば利益をもたらす一方で，使い方を間違えると不利益につながる。

③節 デジタル・シティズンシップの重要性

　これまでの情報モラル教育では，「子どもにとってインターネットは"危ないから"使わないようにしましょう」や「SNS では"トラブル"が生じやすいのでやめましょう」というように指導されてこなかっただろうか。たしかにインターネットや SNS は使い方を誤れば危険な目に遭うこともあり，厄介なトラブルや喧嘩が起きることもあるだろう。しかし現在では，コンピュータもスマートフォンも使わずに生活することは難しくなっている。学校でパソコンやタブレットなどの情報端末を積極的に使う教育が広まっており，「使うな」と制限するのは限界がある。

　危ないから使わない，という考え方は，言ってみれば「包丁は危ないので調理しない」と言っているのと同じである。指を切ることもあるだろうが，包丁を振り回さず，注意深く使う方法を学ぶことが大切である。万が一指を切ってしまったら，慌てずに処置すれば大きな問題にはならない。今，私たちが求められているのは，危ないことは避けるのではなく，うまく使いこなして問題が起きたら対処できる力を養うことである。このような力を**デジタル・シティズンシップ**と呼ぶ。

　AI をうまく使いこなすことは，専門家に限らず全ての人々に求められるようになるだろう。そのために身に付けるスキルはコンピュータ上で正しく操作できるかどうかにとどまらない。デジタル社会に積極的に参加して市民としての役割を果たすこと，安全かつ責任を持って行動する規範を身に付けることも同じくらい大切である。デジタル社会といっても現実空間と完全に分断された世界ではなく，デジタル技術の先には生身の人間がいることを忘れてはならない。デジタル・シティズンシップの考え方では，"デジタル"よりも，"シティズンシップ"の方に重きがある。

　「**人間中心の AI 社会原則**」(→ 14 章)が掲げられ，情報モラル教育からデジタル・シティズンシップ教育へとシフトしてきている。情報モラル教育は子どもに向けられるものだったが，デジタル・シティズンシップ教育は子どもに限らず誰もが身に付けるべきであり，学び続ける必要があるものである。例えば，SNS でのトラブルは子どもだけではない。誰でも詐欺に遭うし，誤解から喧嘩になることもある。

誹謗中傷を書き込んだり，虚偽の情報を与えてしまったり，そのような情報を安易に信じて広めてしまって炎上することもある。これによって侮辱罪や偽計業務妨害罪に問われることもある。

　技術の発展は早いが，私たちの規範意識はじっくり養われるものである。自分や他者の失敗から学び，次はどうすればよいかを考える力を高めることが大切である。新しいものを避けるのではなく，小さな失敗はおそれずに行動しよう。小さな失敗であるうちに学び直し，困ったときは相談できるよう，信頼できる人や機関を知っておこう。

✏️ コラム　フィルターバブル問題とは

「だってみんなが言ってるから…」と一度は口にしたことがあるのではないだろうか。実は私たちが思う"みんな"はかなり限定的な一部の人間だけである。そしてそれはほとんど意識されずに使っていることが多い。

　Twitter などの SNS を見ていると，みんな同じような意見や興味でまとまっているように見える。フォローしていない"おすすめアカウント"や，リツイートされるものまでもが同じ意見，同じような価値観である。しかしそれは世間一般と同じとは限らない。4 章で見たように，推薦システムの働きによって，私たちは自分と似た傾向の情報ばかりに囲まれている。ほかの情報や考え方，価値観，自分にとって都合の悪いものに触れない状態を**フィルターバブル**と言う。フィルターバブルでは，社会全体から自分がどの程度偏っているのかを客観視することが非常に難しくなる。簡単に情報収集できるようになった一方で，新たな情報を手に入れるためには大変な手間がかかるように感じるだろう。

4節 やさしいプログラミングのはじめかた

1項 プログラミング的思考の重要性

　小学校でもプログラミングを学ぶようになった。プログラミングどころか，表計算ソフトも苦手なのに，自分にできるだろうか。そんな不安は，学生だけではない。かつては，こんな処理をするソフトが欲しい，と思えばそれに似た処理をするソフトを買ってくるか，プログラミングが得意な人を雇って開発してもらうしかなかった。しかし最近では，プログラミングはもっと手軽なものになり，特別なコンピュータも開発環境もいらなくなった。さらにノーコーディングやローコーディングと言われる，簡単な知識だけでプログラムを作れるものも登場した。

　例えば事務仕事には，あるルールによって検索されたファイルをコピーする，あるタイミングで定期的にデータを集計してテンプレート化した報告書を作成するなどの単純な作業も多い。こういった定型的な繰り返し型の作業は，コンピュータが得意とするものである。これまでは，専門的知識を持ったエンジニアが必要な機能をいちいち開発しなくてはならなかった。実際はエンジニアが自社内にいる企業はほとんどないため，多くの企業は外部へ発注しなくてはならなかった。

　ソフトウェア開発会社から見た場合，その顧客1社のためだけにソフトウェアを開発するのでは利益が上がりにくいため高価にせざるをえなかった。もしくは，同じツールが他の顧客にも売れるように，汎用的な機能を持つソフトウェアを開発しがちであった。そのため，高価である上にその職場特有の作業を完全に自動化することが難しかった。しかし**RPA**（Robotic Process Automation：ロボットによ

図 15-1　業務の自動化

る業務自動化)と呼ばれるツールが浸透したことで，このようなケースはある程度解消された。RPAは，よく使われるプログラムがまとまりになっていて，その処理の順序を指示するだけで動作するツールである。指示の方法はRPAツールによってさまざまだが，簡単な**コーディング***1かブロックの組み合わせ程度で開発できるものもある。外部へ発注しても比較的安価で，自社での開発も可能になった。RPAを使いこなすには特定のプログラミング言語を知っていることよりも，自分の作業をプログラムでどう処理させれば自動化できるかを順序立てて考えられる「**プログラミング的思考**」が重要である。

　ただし，RPAでは対処できないこともある。例えば元となるデータに誤りがあって，それに気付かないまま処理させてしまえば，期待したものや結果が得られない。誤りがあるかどうかを確認するプログラムを用意しておくことも考えられるが，どんな誤りが起こるのか分からなければ結局は同じである。電卓で計算したときに検算が欠かせないのと同じで，プログラムを作って自動化しても，人の目で確かめることは欠かせない。作成したプログラムがその人以外は実行できない場合も，組織的トラブルになることがある。その人が休みを取ったときには作業が進まなかったり，システムが止まっても直せなかったりといったトラブルが起こってしまう。また，その人が異動してしまい対応できなくなると新しく作り直さなくてはならなくなる。

　RPAは業務の自動化で使われるため，身近に感じづらいかもしれない。しかし，個人向けのRPAツールもある。例えばApple社のSiriを使ってプログラムを自作することができる。図15-2はiPhoneのバッテリー残量が50％を下回ったら通知するプログラムで，誰でも作ることができる。「いつ」には「バッテリー残量が○％を下回ったとき」を選ぶ(ここでは○の中には「50」を指定した)。実行するプログラムは，「テキスト」を表示するアラートで，そのテキストは「バッテリー残量が50％になりました」とした。このプログラムは非常に簡易的なもので，処理の順序と変数と呼ばれるものしか使っていない。

導入

社会における
データ・AI利活用

....

*1　**コーディング**　プログラミング言語を用いて，プログラムを作成すること。

図 15-2　iOS「ショートカット」アプリで作成したプログラムの例

2 項　役に立つプログラミング言語

　機械学習の仕組みを学んだり，ビッグデータ分析に挑戦する場合には，どうしたらよいだろうか。大学の卒業研究などで取得した数十人〜数百人分のデータについて，簡単に解析するのであれば，Excel でことが足りるかもしれない。また，もっと複雑な分析をするには，SPSS をはじめとする統計処理ソフトを用いることもある。このように，表計算ソフトや統計処理ソフトを利用することで，簡単にデータを分析することができる。

　しかし，ビッグデータを活用したデータ分析や Web アプリケーション開発，AI に関連する機械学習やディープラーニングなどについては，活用目的に合わせて独自にプログラミングをした方が的確な処理を実施できる。そこで，注目されているプログラミング言語が「**Python**」（パイソン）言語である。

　たくさんあるプログラミング言語の中で，Python が注目されている理由は主に3つある。

①短いソースコード[*2]でプログラムを作成でき，ソースコードが読みやすい

　Python は，ソースコードが短くてもすむように設計されている。ほかの言語よりもソースコードが短いため，入力間違いなどによるバグ（エラー）が発生する可能性が低くなる。また，バグが発生しても，ソースコードが短いため，間違えた箇所

....

＊2　**ソースコード**　人間がプログラミング言語を用いて書いた文字列のこと。

を探しやすいというメリットもある。

　例えば，図 15-3 は，画面に「Hello World!」と表示するソースコードを，Python と C 言語で記述した比較である。このように Python でのソースコードは短い。また，インデント（行の始まりに空白を入れて字下げすること）によってブロックが区切られる記述方法も読みやすさのひとつである。

　このように，Python はほかの言語と比較して，書きやすく読みやすいという特徴がある。

Python	C言語

print('Hello World!')	#include <stdio.h>
	main()
	{
	　printf("Hello World!");
	}

図 15-3　画面に「Hello World!」と表示させるソースコードの比較

②たくさんのライブラリがある

　プログラムを作成するには，目的の機能を達成するためにひとつひとつの処理をコーディングしなければならない。しかし，よく使われる処理を毎回コーディングするのでは効率が悪い。そこで，よく使われる処理をまとめて誰でも使えるようにしておく仕組みを**ライブラリ**という。Python では公式なものだけでなく，第三者から提供されているものも含めてライブラリが豊富に用意されている。これを活用することで，自分でコーディングすることが難しい複雑な機能であっても簡単にプログラムに組み込むことができる。

③明示的なコンパイルが不要

　プログラムを実行するには，人間が読みやすい文字で書かれたソースコードから機械が解釈できる機械語（"0" と "1" の並びだけで表されるもの）に翻訳（変換）する必要がある。この処理を**コンパイル**と呼ぶ。

　コーディング作業には大きくコンパイル方式とインタープリタ方式の二種類に分けられる。コンパイル方式では，実行前に一度ソースコード全てをコンパイルし，エラーが生じたらソースコードを確認し，その修正をしたらまたコンパイルするといった処理を何度も繰り返しながら進めていく。インタープリタ方式では，プログラムを実行すると機械語に翻訳しながら動作するため，動作を確認しながら進めていく。Python はインタープリタ方式を採用しており，エラーが起きたらその場で修正し，すぐに再実行できることから作業効率が良い。

以上のような理由から，Pythonはプログラム初心者であっても比較的簡単に学習できる利点が多く，特に注目されているプログラミング言語である。

　企業において日常に行われる事務処理を効率化するために，Pythonを使ったプログラミングを活用していることも多い。例えば，Webサイトから為替レートや株価，鉄道の運行情報，特定のキーワードに関する画像データなどを自動で取得するWebスクレイピングと呼ばれる技術のプログラムをPythonで作成することもある。企業の事務職員であっても，業務の効率化を促進するにあたって，Pythonを使ったプログラミングを実施することもあるため，Pythonの基礎を学習しておくとよいだろう。

　インストールせずとも，Google Colaboratory（Colab）[4]を使えば，Webブラウザ上でPythonを記述，実行できる。Colabではパソコンにインストールする手間はなく，Googleのアカウントを所有していればすぐに始められる。

　試しに，図15-4にあるプログラムを実行してみよう。記述するときにはスペースや改行も正確に入力するよう注意しよう。

```
import matplotlib.pyplot as plt

x = [100, 200, 300, 400, 500, 600]
y1 = [10, 20, 30, 50, 70, 120]
y2 = [10, 15, 25, 45, 80, 100]

plt.plot(x, y1, marker="o", color = "red")
plt.plot(x, y2, marker="x", color = "blue")
```

図15-4　**プログラムの例**

　このプログラムは2つの折れ線グラフを表示するものである。平面上に(x, y1)，(x, y2)となる点をそれぞれ結んで折れ線グラフを生成し，点（マーカー）の形はマル（o）とバツ（x）としている。グラフの色は赤と青とした。1行目はグラフを描くために必要なプログラム（ライブラリ）を呼び出している。最初は呪文のように見えるかもしれないが，どれも意味がある命令文である。全て正しく実行されれば図15-5のようなグラフが出力される。実行できたら，数値や色の指定を変更して試してみよう。

　プログラミングの勉強は一朝一夕では難しい。しかし，初心者が学びやすい教材も多く出回っている。学びやすいサンプルデータセットもあるし，オープンデータもある。本書で終わらずに，ぜひ手を動かしながら実践を積んでほしい。

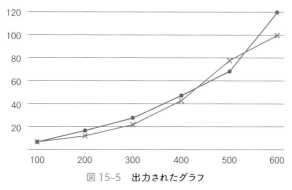

図 15-5　出力されたグラフ

　データサイエンスを効果的に用いる上で最も重要なのは、問題発見力と課題解決力である。問題を発見し、仮説を立て、その仮説を検証するためにデータを分析し、データに基づいた主張や解決策を提案する、という流れで進め、次の仮説立案につながって循環する。このアプローチの方法は、基本的な研究アプローチと同じでもある。

　大学で学ぶ様々な知識と統合し、データサイエンスを道具として役立ててほしい。

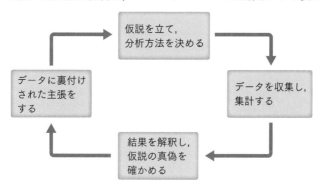

図 15-6　データサイエンスのサイクル

参考文献

[1] みを（miwo）：AI くずし字認識アプリ
　　http://codh.rois.ac.jp/miwo/（2023 年 6 月閲覧）
[2] 顔貌コレクション（顔コレ）
　　http://codh.rois.ac.jp/face/（2023 年 6 月閲覧）
[3] 株式会社野村総合研究所「日本の労働人口の 49％が人工知能やロボット等で代替可能に」
　　https://www.nri.com/-/media/Corporate/jp/Files/PDF/news/newsrelease/cc/2015/151202_1.pdf（2015 年 12 月 2 日）（2023 年 6 月閲覧）
[4] Colab へようこそ
　　https://colab.research.google.com/（2023 年 6 月閲覧）

索　引

143

■執筆

伊藤　大河　共栄大学准教授

川村　和也　千葉大学助教

内田　瑛　中央学院大学助教

河合　麗奈　慶應義塾大学大学院

本書に掲載された社名および製品名は各社・団体の商標または登録商標です。

写真提供・協力
東京大学　数理・情報教育研究センター　荻原哲平
永平寺町　国土交通省　㈱ TOUCH TO GO
㈱デンソー　BOLDLY ㈱　富士フイルム㈱

●表紙・カバー・本文デザイン——難波　邦夫

大学基礎　データサイエンス

2023年8月15日　初版第1刷発行

●著作者　　伊藤　大河（ほか3名）
●発行者　　小田　良次
●印刷所　　亜細亜印刷株式会社

無断複写・転載を禁ず

●発行所　　実教出版株式会社
〒102-8377
東京都千代田区五番町5番地
電話〈営　　業〉(03) 3238-7765
　　〈企画開発〉(03) 3238-7751
　　〈総　　務〉(03) 3238-7700
https://www.jikkyo.co.jp

ISBN 978-4-407-36122-3　C1004　　　　　　Printed in Japan